新时代工匠
创新法丛书

“五步”创新思维法

潘从明◎著

INNOVATION

中国工人出版社

前言

创新是一个民族屹立于世界之巅的基础，也是一个企业在竞争大潮中立于不败之地的保证。科研人员在创新，一线职工也在创新，二者究竟有何不同？为何我们不能生搬硬套科技工作者的创新模式？我们到底应该走出怎样的创新之路？这些问题是我撰写本书的灵感来源。

作为一线职工，工作在一线，创新在一线。我们犹如人体的毛细血管，伸入各行各业的细枝末节处。生产实践中，我们无时无刻不在直面难题，每分每秒都想突破瓶颈。我们拥有层出不穷的创新灵感，更拥有呼之欲出的创新愿景。我们只有掌握高效可行的方法，将创新的触角，伸入每一道工序、每一个零件和每一件产品中，才能成为推动科技发展的领军人，成为促进国家高质量发展的生力军。

为此，我结合多年的生产和创新体会，对主持、参与过的创新案例进行剖析和总结，归纳、整理出“五步”创新思维法。该方法立足于前人宝贵的创新经验，着重考量了一线职工创新的特点、生产实践的应用、企业鼓励扶持等多方面的关系。在创新过程应用后，一方面，能够指导职工挖掘创新灵感、开展技术创新、形成创新思维；另一方面，可以强化创新成果管理、引导创新队伍培养，逐步形成创新管理机制，使职工创新更具体系性、延续性。

创新已经成为新时代劳模精神、劳动精神、工匠精神的重要内涵，一线岗位就是我们创新的前沿阵地。希望读者能够紧跟党和国家步伐，积极投身于时代的创新浪潮中，勤学习、多思考，将创新内化为自身能力，为国家发展、企业建设贡献自己的智慧。

目录

第一章

『五步』创新思维法综述

一、提出背景

“科技是国家强盛之基，创新是民族进步之魂。”党的十八大以来，习近平总书记高度重视科技创新。在“百年未有之大变局”和“十四五”规划落地的时代背景下，各行各业形成了自己独特的技术领先优势，成为国家富强、民族独立、企业发展的重要抓手，更加凸显出改革创新对打破国外技术壁垒、不断提升国家和企业核心竞争力的保障作用。

产业工人是企业发展的螺丝钉、奠基石，也是企业发现、解决技术难题的前哨站、排头兵。产业工人面临的技术难题更具体、更复杂，但解决技术难题的需求往往更直接、更迫切。例如，要想提高某种产品的生产效率，不仅要考虑通过技术革新来达到缩短生产周期、降低劳动强度、实现劳动减员的目标，同时，还要考虑新技术在实际应用中的“五大要素”，即安全性、环保性、经济性、操作简便性和应用效果的稳定性。

对于产业工人而言，唯有从生产实际和企业竞争力出发，采用科学、高效、可行的创新方法开展创新研究，才能获得高价值的创新成果，才能使创新成果真正在生产线中落地生根、开花结果，成为服务于企业、作用于行业、贡献于国家，并且掌握在手中的“法宝”。

二、基本内容

“五步”创新思维法由创新选题、制定方案、实验论证、现场推广、总结归纳 5 个步骤组成，如图 1–1 所示。

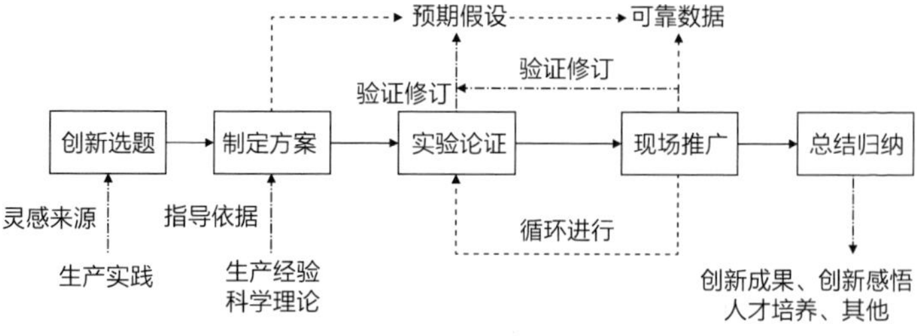

图 1–1 “五步”创新思维法导图

“五步”创新思维法的基本原理是：

（1）从生产实践中，总结和发现技术问题。

（2）结合生产经验和科学理论，针对问题制定方案。

（3）通过设计实验，逐步验证和修订方案。

（4）依托企业平台进行现场推广，在工业级实验中对小型实验结果进行再次验证、修订，获得可靠的工业化数据。

（5）对创新过程进行总结分析，形成具有技术保密性的创新成果，组建较高凝聚力的创新团队。

“五步”创新思维法的特点是：

（1）以问题为导向，将生产实践作为创新过程源源不断的灵感来源。

（2）以理论为依据，运用科学原理指导研究，通过科学实验开展创新。

（3）以安全、高效、可操作性等企业和职工关心的因素为标准，在实践中探索、在实践中优化、最终在实践中应用。

（4）以成果保护、人才培养等因素为目标，使创新成果既有短期的技术收益，也有长期的人才收益。

第二章

『五步』创新思维法分步剖析

第一步：创新选题

选题是创新过程中至关重要的一步，也是必须首要完成的内容。选题准确与否，直接决定了创新过程是否有价值。

选题其实就是发现问题，并找到一个合适的切入点解决问题，只有找到合适的切入点才知道下一步该怎么干。错误的选题，不仅会白白耗费人力、物力、财力，还会增加创新者的心理负担，使其产生严重的挫败感，甚至放弃创新、惧怕创新。本节将详细介绍创新选题的主要方法。

（一）抓住主要问题

实践是检验真理的唯一标准。对于一线岗位的创新而言，实践也是发现问题的唯一渠道。一旦脱离生产实践去查找问题，将会导致找出的问题偏离方向、脱离实际。

根据生产实践查找问题并非一件简单的事情，每一项技术难点的背后都有不计其数的大大小小问题。这些问题，涉及多个领域、多个工种。若没有高效的方法去逐个论证这些问题，无异于大海捞针。因此，如何能立足于生产实践，高效地抓住主要问题，成为一线职工在创新过程中需要不断探索的要点之一。

“五步”创新思维法中查找主要问题的公式为：

主要问题 = 生产经验 + 历史数据分析

1. 以生产经验为主导，多法共用圈定问题范围

依据难题找问题，是创新过程中的第一步。其常见方法有：理论分析法、数据采集法、实验分析法、经验总结法等。其中，前三种方法难度较大，对于一线职工而言，往往难以上手。根据一线职工的工作和思维特点，可以以经验总结法为主导，适当结合理论分析等其他方法，从而准确锁定主要问题的范围。

经验总结法的主要内容是：组织团队成员开展头脑风暴，利用成员从事工作的多工序、多工种等特点，从工艺、设备、操作、原料等多个领域入手，全面分析生产过程中的各种问题，初步圈定问题的范围。

该方法的难点是：对于各种方法的使用，往往容易“矫枉过正”“钻牛角尖”。例如：经验丰富的一线职工过于相信生产经验，从而忽略理论支撑的重要性；刚刚参加工作的大学生则过于强调理论成立与否，从而忽略生产实际的复杂性。

要解决这个问题，就必须把握该方法的关键点：各成员需发挥自身优势，取长补短，一方面，运用自身丰富的生产经验；另一方面，结合一定的理论基础，尽可能地排除理论上无法成立的问题，以及理论虽成立但属于小概率事件或不可抗因素（如上游原料成分就是典型的不可抗因素），将问题选定的范围缩小。

2. 以历史数据为导向，结合实践抓住主要问题

问题范围的确定，为开始创新初步指明了方向。为保证创新研究顺利进行，创新过程中需满足以下 3 个基本要求：

（1）客观性，即用真实的数据发现问题。

（2）时效性，即在最短的时间内解决问题。

（3）经济性（极少数的顶级尖端领域除外），即用最少的投入解决问题。

该方法的主要内容是：针对前一步圈定的问题范围，分别调取生产中的历史数据，通过列表、绘图、控制变量等方法进行逐一分析，从而在杂乱无章的数据中，找到大概率事件，一举抓住主要问题。

该方法的难点是：第一，创新工作者自我认可程度较强，容易陷入“惯性思维”陷阱，从而忽略数据的真实性和可靠性；第二，数据采集和分析量较大时，创新工作者容易失去耐心，导致“失之毫厘、谬以千里”的后果。

要解决这个问题，就必须把握该方法的关键点：从思想上重视问题分析的重要性，在问题分析过程中给予充分的人力、物力、财力支持，并预留充分的分析时间，谨防“轻分析、重研发”的思想。

（二）揪出本质问题

直观的问题是表象，唯有透过表象抓住本质，从直观的问题中，分析它的本质根源，才能称得上真正选对了创新命题。

在生产实践中，往往会碰到各式各样的实际问题。有的问题十分浅显，可以轻而易举地发掘出其背后的本质；有的问题则不易暴露，需要深入挖掘，才能将其产生的根源找出来。从总结出的主要问题中，挖掘、提炼出本质问题，可采用如下公式：

挖掘本质问题＝归纳浅显问题＋剖析复杂问题。

1. 归纳浅显问题

该方法是挖掘本质问题过程中，较为简单的一步，也往往是容易掉以轻心的一步。

该问题的简单之处在于：一些主要问题比较浅显，经过初步归纳后，往往矛头统一指向某个条件、某个参数或某种物质。

该问题的困难之处在于：创新工作者的注意力往往容易被“小成就”吸引，忘记了探究这些表象的背后问题，从而与本质问题擦肩而过。

因此，要想探究其本质，除了做好归纳，更需要做好细化，充分发挥一线职工的生产经验丰富的优势，采用理论分析、文献调研、实验验证等多种方法，力求找到本质和现象之间一对一的因果关系。

例如，果农发现果实成熟率低的情况，可初步归结为土壤原因。要找到更深层次原因，就必须从土壤酸碱度、疏松程度、固水率、肥料分散率等多个因素深入考察，建立起某个因素与果实成熟率低之间的必然联系。

2. 剖析复杂问题

该方法是发掘本质问题过程中难度较大、也最为重要的一步。

经过提炼的多个主要问题中，必然会有这样一类问题：从表象上，无法直接看出这类问题与哪些工况条件有关。这类问题比例虽然不高，但常常使创新工作者无从下手。

浅显问题和复杂问题之间大多是有联系的，甚至它们就属于一个本质问题。因此，剖析复杂问题时，应该以归纳出的浅显问题为方向，着重思考它们与浅显问题之间的关联性，并通过小型实验、生产实践等方法去验证，争取将二者同质化。这种做法一是可以方便地查找问题，二是能够大幅降低未来解决问题时的工作量。

上述创新方法可表示为如图 2-1 所示的思维导图。该思维导图在创新过程中被多次使用，其高效性、准确性，得到

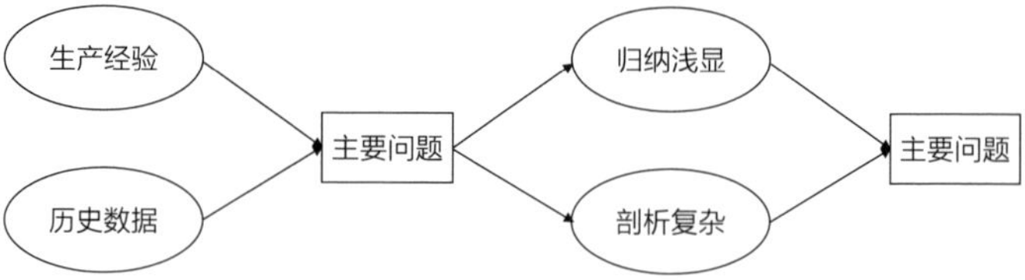

图 2-1　创新选题思维导图

了有效验证。

以下为该思维导图在创新案例中的具体应用。

铂钯的分离，是高效分离提纯铂族金属的关键步骤。目前大多采用 S_{201} 从含有铂、钯的水溶液中萃取钯，从而实现铂钯的分离。生产实践中，钯的萃取率逐年下降，导致高效的铂钯分离技术无法应用，铂族金属生产线将面临停用新工艺，重新使用30年前的传统沉淀工艺的窘境。

结合生产经验，对原料成分、工况条件、设备运行、萃取剂状态等因素，进行逐一分析。共罗列出表2–1中7个可能的问题。通过结合数据采集、实验分析、理论分析等方法，进一步缩小问题范围，将主要问题确定为3个（表中序号5~7），即萃取剂出现乳化现象、萃取剂与水分相困难、萃取过程出现絮状第三相。

表2–1　问题列表

序号	问题内容	分析过程	结果
1	上游原料铂钯成分波动大	分析近三年原料成分，发现萃取率与成分波动无关联性	排除
2	工况条件控制不严格	调取近三年生产记录，强化生产操作管理，萃取率无明显改观	排除
3	箱式设备有机相停留时间短	开展小型试验，延长停留时间至50倍，萃取率无明显改观	排除

续　表

序号	问题内容	分析过程	结果
4	采用化学沉淀法替代萃取工艺	化学沉淀法属上一代技术，分离效果不应更加高效，理论不成立	排除
5	萃取剂出现乳化现象	总结生产经验，萃取剂乳化可明显降低钯的分离率	成立
6	萃取剂与水分相困难	调取近三年生产记录，通过数据计算，表明分析分相较差时，萃取率明显偏低	成立
7	萃取过程出现絮状第三相	调取近三年第三相成分分析数据，发现铂钯含量较高	成立

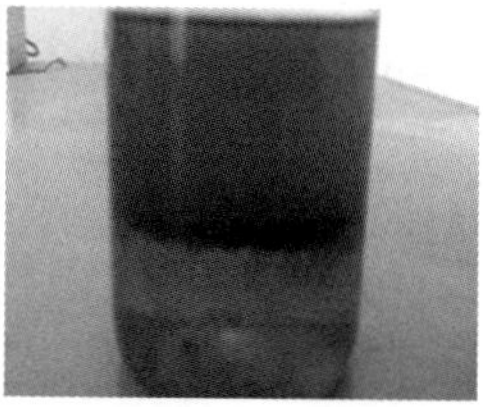

萃取剂出现乳化现象

萃取剂与水分相困难

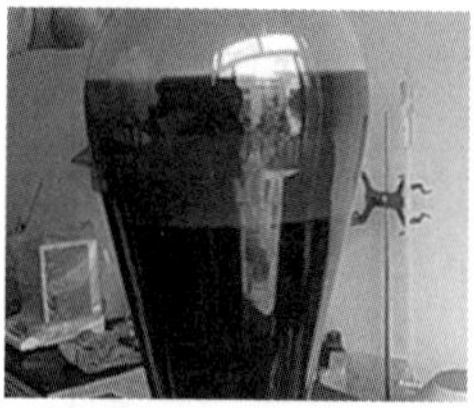

萃取过程出现絮状第三相

图 2-2　主要问题现场图

对上述 3 个主要问题进行初步归纳，其中问题 5、问题 6 初步归纳为萃取剂的问题。对萃取剂的成分研究发现，萃钯过程对 S_{201} 试剂纯度要求非常高，原来采用的 S_{201} 为单价 95 万元 / 吨的高纯 S_{201}，但近年来迫于贸易战和环保压力，市面仅售单价为 35 万元 / 吨的劣质 S_{201}，其中含有的硫醇、亚砜等杂质含量严重超标，导致萃取率大幅降低。

问题 7 絮状第三相的产生原因颇多，其中一个可能的原因是萃取剂质量差而导致。为此，分别采用分析纯 S_{201} 和工业级 S_{201} 进行萃取钯的对比实验，发现前者并未产生第三相。最终确定，导致钯萃取率低的原因，不是乳化与否、分相与否、有无第三相等这些表面现象，而是“S_{201} 萃取剂中的硫醇、亚砜杂质含量过高”这个本质问题。

分析纯 S_{201} 萃取钯实验　　工业级 S_{201} 萃取钯实验

图 2-3　分析纯 S_{201} 与工业级 S_{201} 产生第三相的对比

第二步：制定方案

创新是一份体量较大的系统性工作，只靠一时热情是很难顺利完成的。作为一线职工，一方面，要提前做好准备，将创新过程中遇到的种种困难，逐一击破；另一方面，要做好整体规划，讲明困难，请求单位给予创新工作更多的支持。

在上一节中较为详尽地介绍了创新过程如何选题，也就是解决了创新方向的问题。创新方向明确后，接下来就是要制定创新方案。

制定一份内容翔实、进度合理、分工明确的创新方案是十分必要的。制定方案的主要方法是：

（1）针对本质问题，通过文献调研和学科交叉的方法，明确解决问题的方法论，并以此制定技术路线和研究内容。

（2）根据团队成员个人擅长领域的不同，采用多种交叉协作方式，完成团队分工。

（3）明确敲定时间轴，实现高效的时间管理，确保创新工作顺利开展。

制定创新方案的思维导图如图 2–4 所示。

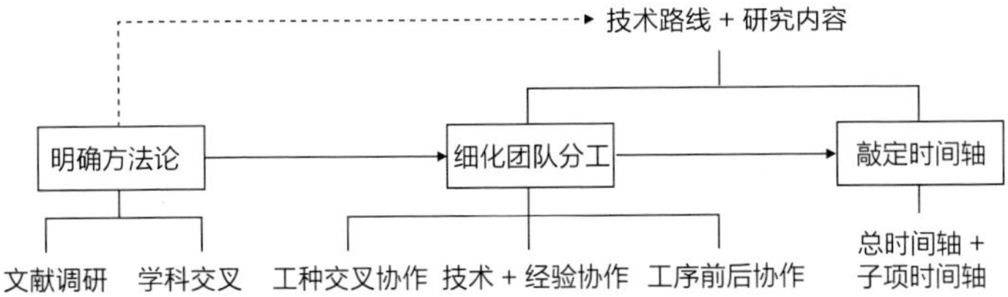

图 2-4　制定创新方案的思维导图

（一）明确方法论

明确方法论是以查找出的本质问题为导向，想方设法地去解决它，从而制定出一套可行的技术路线，并以此为基础，明确研究内容、设定预期结果。

科研人员一般具有较高的理论素养，他们解决问题的主要方法通常从基础理论入手，通过分析基本原理，进而找到一类可行的方法，再依次进行验证。

对于一线职工而言，由于理论素养相对薄弱，短时间内又很难在该方面取得快速提升，因此采用同科研人员一样的方法，显然是不切实际的。但是，这不意味着一线职工就可以凭空想象解决问题的方法。

一线职工可采用以下公式明确创新的方法论。

明确方法论 = 文献调研 + 学科交叉

1. 文献调研

只要是创新，必然无法绕开理论知识的支持。牛顿有一句名言：我之所以能够成功，是因为我站在了巨人的肩膀上。一线职工要想快速突破理论知识这道难关，就必须站在巨人的肩膀上——技术论文。

作为一线职工，当对晦涩的理论知识束手无策时，不妨研究一下所在行业科技工作者公开发表的相关技术论文，从他们所从事的理论研究、方法和结论中，必定会得到启发。

研读技术论文的方法和思路如图 2–5 所示。

（1）论文的筛选——通读摘要。

迅速选取和自己行业相关的论文。比如研究铂的精炼方法，就需要结合实际生产，阅读铂钯分离、铂精炼等相关工艺流程的论文摘要。

（2）论文的扩容——通读综述。

综述是科技工作者针对所研究的领域，对大量原始论文中的数据、资料和主要观点进行归纳整理、分析提炼而成的论文。在综述中，通常可以查到大量的二次文献，从作者的角度，直观地了解该研究领域的发展历程。

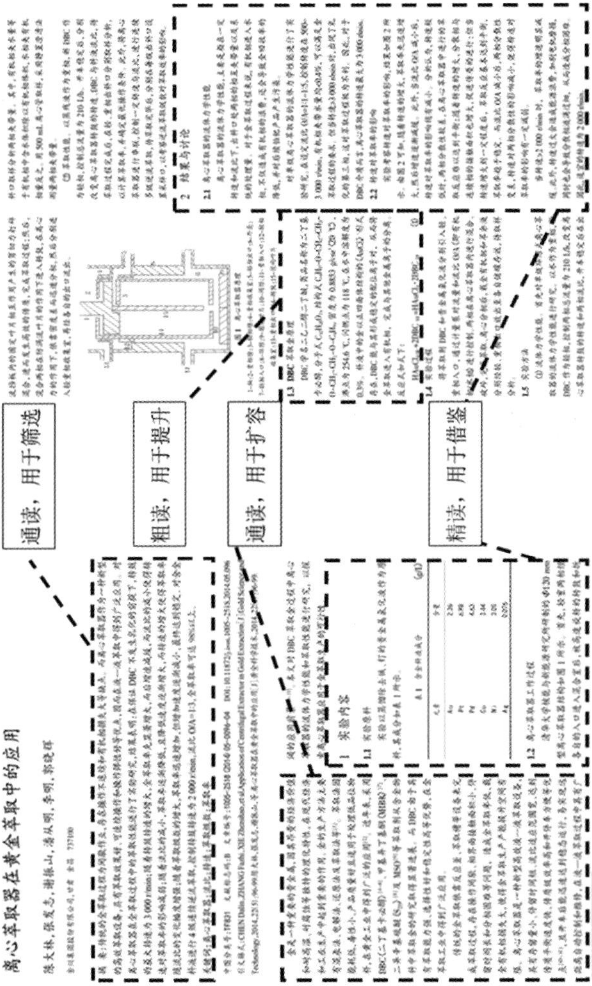

图 2-5　文献调研方法图示

（3）论文的借鉴——精读实验方法与结论。

通过通读摘要和综述，已经基本掌握了这篇论文所描述的技术，如果确实有借鉴价值，那么就需要对论文中的实验方法进行仔细研究，并将论文中的实验结果和预期结果进行对比，考察同样的方法在不同条件下的应用性差异。

需要说明的是，能在正规期刊、核心期刊上发表的论文，其实验方法以及对应的技术原理，一般都经得住理论推敲。这是科技工作者在理论研究方面作出的不可磨灭的巨大贡献。

（4）个人的提升——研究技术原理。

每篇论文的技术原理部分，是一线职工最不喜欢阅读的部分。但仍然有必要去理解、研究、掌握，这是提升自身理论素养的直接方法。

2. 学科交叉

对于一些已经从事过一段时间创新工作的一线职工来说，通常会碰到这种瓶颈：对行业内的技术发展、技术类型已经做到了如指掌，但仍然不能很好地解决现有问题。不妨使用学科交叉的方法改变思路。

学科交叉就是借鉴其他相关领域不同行业的创新或技术经验，来解决本行业的实际问题，如图 2–6 所示。其具体方法包括：

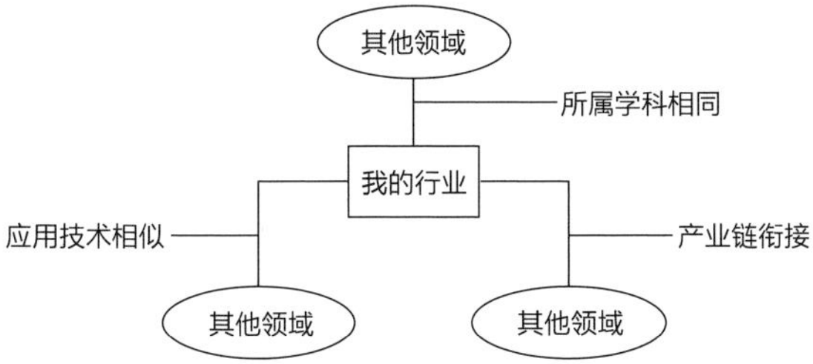

图 2-6　学科交叉方法的图示

（1）与属于相同学科领域的不同行业进行交叉。

例如，农药生产与药剂合成同属于精细化工领域、钢铁冶炼与铅锌冶炼同属于冶金领域，它们的部分技术之间，是具有借鉴意义的。

需要注意的是，对于相同学科，划分得越具体、越接近，其借鉴意义就越大。例如，贵金属冶炼和镍铜冶炼相比，贵金属冶炼属于普通金属冶炼，镍铜冶炼属于有色金属冶炼，后者的借鉴意义明显大于前者。

（2）与相似应用技术的不同行业进行交叉。

例如，化肥生产企业和火法冶炼生产企业所属不同行业，但面临的问题都是硫氮类污染气体的处理，其处理技术、设备的使用具有高度借鉴性。类似的还有食品与药品行业的控菌技术等。

（3）与本行业衔接上下游产业链中的相关工序进行交叉。

对于一个完整的行业而言，产品是衔接各个产业链的纽带。而产品的性质、特点各有不同。因此，由产品衔接的两个产业链之间，其技术特点必然有相似性（甚至可以延伸到上下游多个产业链）。例如，铂、钯的精炼属于贵金属冶炼领域，它们在下游的医药合成、催化剂制备等行业中被广泛应用，而医药合成、催化剂制备等行业的技术路线中，也涉及铂、钯化合物的精炼工艺。

（二）细化团队分工

方法论的明确，迈出了方案制定的第一步，相当于从理论上解决了创新过程中“做什么”的问题。但是，一个完整、可行的方案关键在于：要着力解决“怎么做”的问题。这就需要抓住执行方案的主体——创新团队的成员。

一个创新团队的形成，往往不是刻意组建的，而是在长期的工作、学习中，根据职责分工、默契程度自发形成的。随着问题的变化、研究的深入，应当持续吸纳新成员，才能不断地发展、壮大创新团队。但是，在创新过程中，为什么最终只有少数创新团队能够取得高质量的创新成果？

木桶原理很好地解释了这个问题：要想提高团队的创新能力，必须做到高效、合理的团队分工，同时解决好“短板”和“长板”这两个问题。高效、合理的团队分工决定下限，可以使团队实现“人尽其用”。解决好“短板”和“长板”决定上限，可以大幅提高团队创新的能力。团队分工的“3 个协作”用公式表示为：

团队分工 = 工种交叉协作 + “技术 + 经验”协作 + 工序前后协作

1. 工种交叉协作

工业化时代的开启，加速了创新的速度，同样也加大了创新的难度。其根本原因在于，工种和学科的划分越来越细，各工种之间的技术知识差异越来越大，而生产中各工种的联系程度却越来越紧密。例如，贵金属提纯精炼工作，涉及的工种和学科十分复杂，图 2–7 为贵金属提纯精炼涉及的部分工种和学科。

对于现场经验丰富、理论素养过硬的创新工作者而言，可能具备多个工种和学科的基本知识。他们可以理解各个工种怎样衔接、整套流程如何运转的原理。但是，“术业有专攻”，创新的特点在于解决难题，这不仅需要理解原理、了解

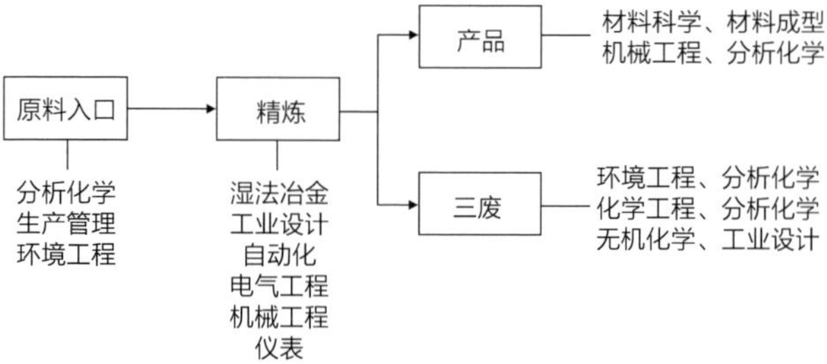

图 2-7　贵金属提纯精炼涉及的部分工种和学科

流程，更需要深挖每一个领域的技术特点、熟悉每一个工种的操作难点、思考每一个学科的潜在突破点，在不放过任何一种可能的基础上，进行联合攻关。

设计创新方案时，采用工种交叉协作的根本目的是让团队成员在各自擅长的领域内，尽可能发挥自己的优势，提高创新方案的科学性和高效性。具体实施时，应当注意以下两点：

（1）集中优势，针对本质问题。

真正开始制定创新方案时，资源有限是大多数创新工作者的直观感觉，包括人力、物力、财力、精力。这就要求创新工作者务必要重视之前所做的工作——将有限的资源，集中在本质问题以及解决方法上。

一是集合团队成员，结合生产实践，对本质问题、解决方法展开二次分析，将它们所涉及的工种、学科领域进行全面拆解，并将涉及的各工种的影响力进行系统排序，找出起决定性作用的工种作为重点工种。

二是以重点工种相应的团队成员为核心，其他工种配合、协作，以实现“不同学科、同时着力、目标一致”为原则，制定协同工作方案，推动方法论的落实，从而加速本质问题的解决。

（2）合并相似工种，实现最优配置。

为了确保拆解准确，初步分析涉及的工种时，创新工作者往往会十分细致。但是，过于细致的划分，会大大增加人力成本，即使团队成员人力资源充足，也会在方案的执行中，出现人均工作效率较低的问题，大大影响创新工作的效率。

因此，在细致分析的基础上，还需要对工种分析结果进行整合，通过合并相似工种，一方面，降低人力消耗，另一方面，能够更加清晰、明确地估算工作量，大大提升创新方案的科学性和高效性。

例如，在以工艺流程为核心的创新过程中，自动化、仪表、电气、管道等工种，都是新工艺技术的设备配套问题，在一定条件下，可以进行合并，由 1~2 名创新工作者进行攻关即可。

相似工种的合并，需遵循重点工种周边不要过分合并的原则。一般而言，从事重点工种的工作者工作量较大，攻关结果也较为关键。如果只考虑相似性、相关性，对其涉及的工种进行大量合并，可能导致本来清晰明确的团队分工，又糅合到一起，一方面，加大工作量、造成人员配置“捉襟见肘”的窘境；另一方面，难以明确工作量和工作目标，反而降低工作效率。

例如，在钯的高效精炼技术研发中，精炼技术研发、原料分析、废水处理、环保控制等环节，本质都属于湿法冶金或化学领域，如果只考虑学科相关性划分，将上述环节草草合并，那么团队分工将无从谈起。

2. “技术 + 经验”协作

一般而言，在一线生产实践中组建的创新团队，必然由经验丰富的一线职工，以及具有一定科研技术理论素养的工程技术人员组成。这不是领导者刻意组建的，而是一线职工在长期的生产实践中，为了解决实际问题，自发形成、发展成熟进而不断完善形成的。

这种团队结构具有以下优点：

（1）符合一线创新需求。

一线职工创新的灵感必须以丰富的现场经验作为基础，而开展创新，离不开技术理论的支持，唯有将二者相互结合，才能推动创新工作的不断发展。

（2）理论与实践结合更紧密。

相比企业与科研院所联合攻关的团队模式，这种团队更了解生产线的运转特点，在创新的各个环节中，能够更加准确地把握情况，使技术层面的创新能够牢牢扎根于现场，服务于生产。

（3）创新效率更高。

团队成员在工作中朝夕相处，不仅可以随时开展技术交流，大大提升工作效率，同时还可以随时面对实体进行讨论，提高了意见交换过程的形象性和具体性。

但是，拥有理想的团队人员结构只是基础，科学合理分工才是确保其发挥最大作用的关键。如果想让技术型成员和经验型成员达到配合默契、相互促进的目的，在团队分工时，要注意以下两点：

（1）两者不是上下级关系，而是平等合作关系。

在企业的实际工作中，技术型成员大多会承担管理者的工作，而经验型成员长期扎根生产一线，大多扮演“被管理者”的角色。久而久之，这种角色很容易固化在团队成员的潜意识中，从而带到团队创新的工作中来。这种“上下级”意识的存在，会与团队分工的初衷相背离，成为创新方案设计中的“拦路虎”。因此，作为创新团队的领导者，必须要向全体成员明确：分工的唯一标准是“优势互补、协同攻关”。技术型成员和经验型成员是严格的“协作”关系，是有机统一的整体。前者应当发挥技术理论素养优势，分析问题产生的来源，并承担理论研究、技术路线设计、方案科学性评价等工作；后者应当发挥现场经验丰富的优势，从操作弹性、安全性、成本等多个维度，对技术路线和方案内容，进行修订、优化。两者工作方向、侧重领域虽有所不同，但工作目标应保持高度一致。

（2）两者既是共同合作体，也是矛盾体。

毫无疑问，在创新工作中，技术型成员和经验型成员首先要扮演的是合作者的角色。和谐、融洽、互补的协作精神，将极大地推动创新方案的落实。但是，二者又互为矛盾体，这主要来源于技术型成员倾向于理论突破，容易忽略结果的实操性；经验型成员倾向于总结实际规律，忽略理论研究。

正是因为这种矛盾的存在，才会推动创新方案的修订、完善，使之向着更加科学、系统、合理的方向不断迈进。作为团队领导者，应当调和矛盾，使之转化为协作的基础，并借助矛盾的力量，推进创新工作的车轮滚滚向前，驶向成功的彼岸。

3. 工序前后协作

一般来说，一套系统的创新方案，大多针对一整套工艺流程。在团队分工时，根据工序的先后顺序，将其切割为若干个独立的创新点，进而逐个击破。这种人为地划分，虽然有利于分解任务、明确阶段性目标，但有时会破坏创新的整体性、系统性，使创新工作陷入“各自为战”的局面。

这是创新方案实施中经常碰到的问题。当创新工作者纠结于某个难题无法破解时，往往会忽略其产生的根源可能来自上一道工序。如果难题无法被解决，它便会像一个漂浮在河流中的“漂流瓶”，沿着生产线“顺流直下”，对后续工序接连产生不利影响。

如何利用团队分工协作的力量，找到并捞起这个“漂流瓶”，对于创新成果的达成是十分重要的。这要求对创新工作进行分工时，一方面，要注意对整体工作“大而化小、分而治之”；另一方面，要注意工序之间的相互协作、有机统筹，避免将各个创新点机械地分割。在创新工作不断深入时，要适度打破创新点之间的边界，通过强化前后工序之间的协作，提升创新工作的整体性。

开展工序之间的协作时，应当把握以下两点：

（1）查找前后工序间的共性，找到“漂流瓶”。

这是实现工序之间统筹协作的关键。准确把握前后工序间的共性，也就抓住了它们之间的联系，便于创新工作者在协作时，迅速找到工作的切入点，通过分析研究，一举找到迟迟无法解决、在全工艺系统中漂荡的“漂流瓶”。

需要注意的是，工序间的共性可能是原料、工艺、操作方法，也可能是设备、技术、工况条件。到底如何选择研究对象，还需要回到创新本身，以前期查找的主要问题、确定的方法论为基础，有的放矢地进行关联，切不可生搬硬套。

（2）查找前后工序间的差异，捞起“漂流瓶”。

从哪里捞起“漂流瓶”，需要创新工作者进一步分析前后工序的特点，通过对比前后工序之间的差异性，寻求工序协作的着力点。

以“研发金铂钯高效分离技术”为例。根据工序顺序，将研究工作分为 4 个创新点：金的分离精炼、铂钯分离、铂的精炼、钯的精炼。相比其他工序，钯的精炼、铂的精炼因为涉及金、铂、钯等贵金属杂质的高效去除，研究工作相对困难。

因此，对 4 道工序关系进行重新梳理。（如图 2–8 所示）

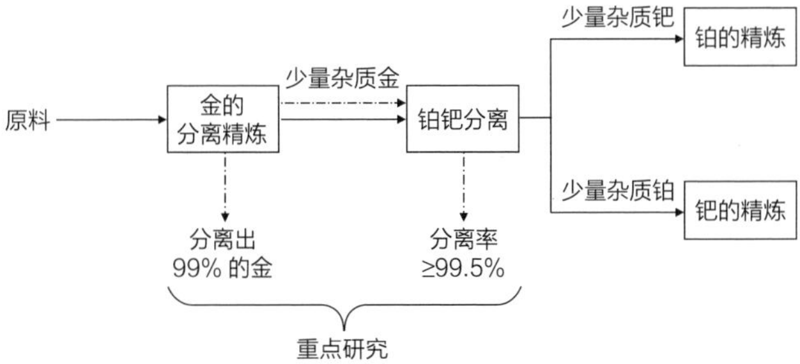

图 2–8　金铂钯高效分离技术研发思路图

贵金属杂质的高效去除是 4 个创新点都要涉及的共性问题，也是影响精炼效率的核心问题。如果贵金属杂质的去除效率无法得到保证，铂、钯的精炼工序将被迫增加精炼次数，不仅增加了各工序的作业难度，还将导致产品质量不稳定、经济成本增大、产能压缩等一系列问题。

通过对生产线中间物料的取样分析发现，4 道工序中，对于贵金属杂质去除的贡献比各有不同，如表 2–2 所示。可见，围绕萃取分金、铂钯分离等 2 个工序进行集中攻关，很有可能解决贵金属杂质分离的难题。

表 2–2　分析结果

<table>
<tr><th>序号</th><th>内容</th><th>分析</th><th>结论</th></tr>
<tr><td>1</td><td>铂钯产品中杂质金的分离</td><td>上游萃取分金工序，去除 99% 以上的杂质金</td><td>萃取分金工序是去除杂质金的关键</td></tr>
<tr><td>2</td><td>铂产品中杂质钯的分离</td><td rowspan="2">上游铂钯分离工序，当分离率达到 99.5% 以上时，可将铂、钯精炼次数缩减 70% 以上</td><td rowspan="2">铂钯分离工序，是去除杂质铂、钯的关键</td></tr>
<tr><td>3</td><td>钯产品中杂质铂的分离</td></tr>
</table>

因此，开展双线攻关：一方面，从整套工艺的前端入手，将部分从事铂、钯精炼工艺研究的团队成员，调配至上游萃取分金、铂钯分离工序，组织他们针对提高上游分离率重点开展协作研究，如图 2–9、图 2–10 所示；另一方面，抓住下游新技术开发不动摇，基于上游工序分离率理想情况下的原料，在下游铂、钯精炼工序，继续开展高效精炼技术研发工作，如图 2–11、图 2–12 所示。经过为期 1 年多的工作，最终研发出金铂钯高效分离新型技术，一举解决了生产的难题。

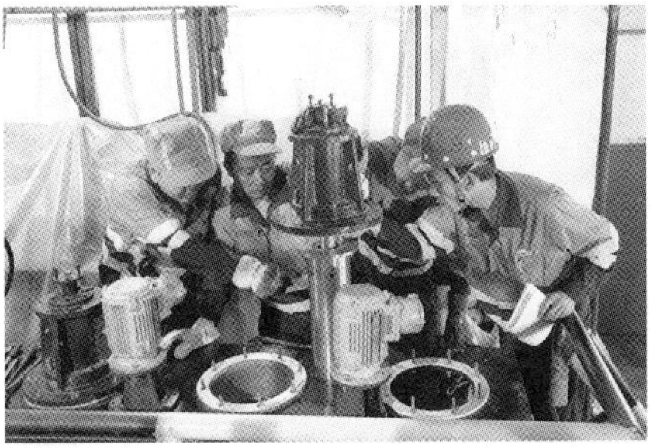

图 2-9　金萃取分离技术研究

图 2-10　铂钯分离技术研究

图 2-11　铂精炼技术研究

图 2-12　钯精炼技术研究

（三）敲定时间轴

一套科学、高效的创新方案，就像一棵枝繁叶茂的参天大树。前两节系统地讲述了创新方案的内容、人员的协作，为创新方案增添了不少“绿叶”。本节将系统地介绍如何建立条理清晰的“枝干”，将一片片“绿叶”串联起来，进而成长为“参天大树”。

创新方法各式各样，“枝干”的选取也不尽相同。与其他创新工作者不同，一线职工创新以企业作为平台，效益成为他们开展创新的主要命脉。这其中最重要的便是时效性。试想，一套在完成时间上遥遥无期的创新方案，哪怕有众多优点，想要真正获得企业的支持、最终的实施，几乎也是空想。

“谁赢得了时间，谁就赢得了终点。”对于一线职工的创新而言，高效的时间管理是串联起整套创新方案的“最强枝干”。一套紧凑的时间轴，可以将科学的方法论、优秀的成员等多个要素，梳理为一个有层次、有顺序的整体，使之成为一套完整的创新方案。

确立的时间轴，应该是一套，而不是一条。换句话说，创新工作者需要敲定的，并不是简单、单一维度的时间线，而应该像枝干一样，有总、有分、有交叉、有重合、有间隔。如图 2–13 所示。时间轴的敲定为以下公式：

时间轴 = 总时间轴 + 子项时间轴

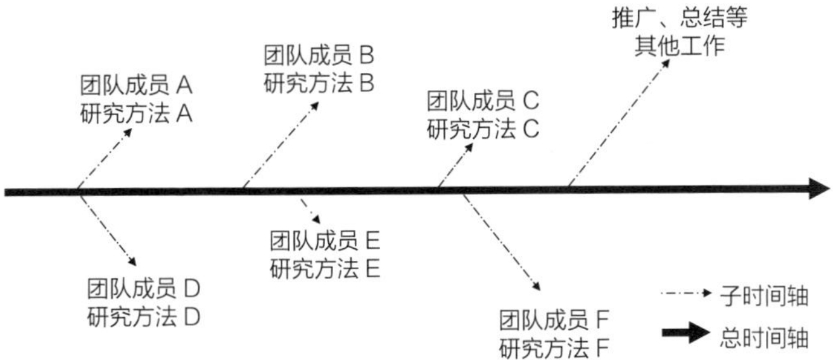

图 2–13　敲定时间轴的思维导图

1. 敲定总时间轴

很多创新工作者，对于总时间轴的敲定不是十分重视，认为“计划赶不上变化”，在创新工作中，会伴随很多突发情况，即便确定一个时间节点，在实际落实过程中，也会随时发生变更，使确定的时间轴失去其本来的意义。

但是，通过大量创新经验得出结论，总时间轴在创新工作中，具有不可替代的重要性。总时间轴的敲定，一方面，有利于创新工作的整体推进和高效管理；另一方面，是争取企业或者其他平台，对创新工作给予人力、财力、物力等各种资源支持的重要条件。

确保制定的总时间轴科学、有效，应着重考虑以下几个方面：

（1）时间起点的敲定。

时间起点的敲定通常是创新工作者最容易忽略的方面。创新工作者通常花费大量精力研究创新工作何时完成，但很少考虑创新工作何时开始。究其本质，是不知道应该如何确定时间起点。以下介绍 3 种确定时间起点的方法，如图 2–14 所示。

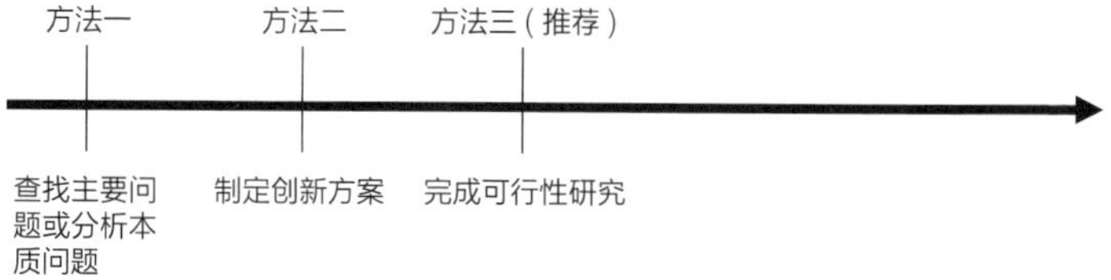

图 2–14　敲定时间起点的方法

方法一是以查找主要问题或分析本质问题作为时间起点。这是创新工作的原始起点，将其一并作为时间起点，具有同步性强、系统性好的优点。但是，其缺点也显而易见。对于刚开始从事创新的职工而言，一方面，发现主要问题的过程具有偶然性、随机性，时间起点很难明确敲定；另一方面，即使查找到主要问题，现有技术条件也难以解决，造成时间起点的敲定被迫成为“无用功”。

方法二是以制定创新方案作为时间起点。这是大多数创新工作者最常采用的方法。其优点是时间起点清晰有效，有利于实验研究、现场推广等创新工作，并且与时间轴恰好吻合，便于管理；其缺点是将问题的发现、研究割裂于创新工作之外，忽视了主要问题、本质问题等工作的重要性。

方法三是以完成可行性研究作为时间起点。可行性研究是指，在查找主要问题、分析本质问题的基础上，通过方案制定初期的文献调研等途径，研究创新活动是否具备价值和可能性的工作。它对于创新的开展是极其重要的。

以完成可行性研究作为时间起点，既避免了找到问题无法解决的矛盾出现，也将问题的查找和分析，作为创新的必要部分一并纳入考虑，其优点有时间点清晰明确、具有科学依据、与创新工作相吻合等。

（2）时间终点的敲定。

如上文所述，敲定时间终点的难度，不在于计算创新工作所耗费的具体时间，而在于突发性状况的处理。以下几条建议，可帮助创新工作者确定创新工作的时间终点。

一是依靠自身或他人经验，充分考虑突发状况出现的可能性。突发状况难以避免，但相当一部分突发状况可以借助经验进行预知，纳入考虑的范围进而有效规避。这类突发状况范围广泛，涉及原料、试剂、设备、生产、人员等诸多方面。因此，要想让时间终点的敲定尽可能准确，所考虑的因素就必须尽可能全面。

以原料供应中常见的突发状况为例。无论是连续生产还是间歇生产，都涉及计划性停产检修，此时原料的供应可能中断，这是制定时间轴时，应首先考虑的部分。一方面，可以将停产检修周期计入创新工作的总时间内；另一方面，如果条件具备，可以在停产检修前，提前储备一部分原料，从而避免受到停车影响，保证创新工作得以正常推进。

二是时间终点不是一个，应该是一组或一套。上述案例中，停产检修属于“计划性”停车，是可以预见的。但对于因故障而导致的“非计划性”停车，以及类似的“非计划性”事件，对于创新时间的影响也是显而易见的，应当如何避免？

首先需要明确的是，“非计划性”事件的发生频率、占用时间长短是无法给出标准答案的。因此，在对“计划性”突发事件进行充分考虑后，不应该在“非计划性”事件的时间核算中，耗费大量精力。此类问题最好的解决方法是，设置一组时间终点。

一组时间终点，就是在敲定时间终点轴时，将各类“非计划性”事件所耗费的时间成本进行统一推算，从而得到一组包含若干个节点的时间终点体系。其主要包括（如图 2–15 所示）：

①理想型时间终点。该时间点基本不考虑各种“非计划性”事件的影响，是完成创新工作的最快时间点，可作为计算时间终点的基础和依据。

②理想型时间终点 + 主动解决“非计划性”事件耗费时间。大部分“非计划性”事件是能够依靠自己的力量，来主动解决的。这部分事件虽然难以预测，但根据生产需要、上级要求等外部因素，可以大致推测。例如“非计划性”停车，

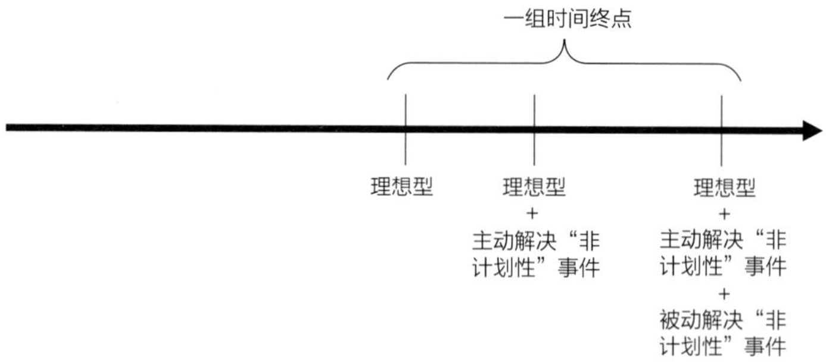

图 2-15　敲定一组时间终点的方法

一般不会持续太久，否则即使创新工作允许，站在企业效益和市场竞争的角度，也不会让这种停车长时间持续下去。

需要注意的是，对于主动解决“非计划性”事件耗费时间，总和加起来一般最长不应超过 3 个月，否则时间跨度太大，就失去了制定最终时间点的意义。

③理想型时间终点 + 主动解决“非计划性”事件耗费时间 + 被动解决“非计划性”事件耗费时间。以下通过“华为手机的研发”案例来解释什么是被动解决“非计划性”事件。

华为手机的研发一直是创新领域的模范案例，其研发过程也一直按照既定时间轴稳步推进。但是，进入 2020 年以来，中美贸易摩擦加剧，最终导致上游各厂家在高端芯片领域对华为实施“断供”，使华为手机研发和生产陷入僵局。从创新角度来看，在这起“断供”事件中，同时包含了主动解决“非计划性”事件和被动解决“非计划性”事件。

主动解决“非计划性”事件主要指，华为公司一直对高端芯片进行适量储备，在“断供”开始时，依靠储备，其研发业务尽管受到影响，但仍然可以继续推进。这部分消耗时间，是可以通过芯片储备量、研发消耗等条件进行推算的。

被动解决“非计划性”事件主要指，华为公司在“断供”开始后，被迫开始加大在光刻机等高端芯片制造领域的研发投入，以期彻底解决“卡脖子”的问题。所以，下一代高端手机的研发时间终点，不再单一由手机研发部门决定，而更加倾向于由光刻机研发等多个新型创新项目的研发周期来决定。

由此可见，被动解决“非计划性”事件所耗费的时间难以推算的原因是，其问题的解决往往需要“另立项目”。被动解决不一定要依靠自主研发，还有交流合作、引进技术等其他渠道。但无论哪种途径，所耗费的时间，都无法完全由自己独立决定。

时间终点的敲定，除了与科学性有关，还与创新工作者的性格特点有关。一般有以下两种常见类型：

第一种是提前时间终点。该类型创新工作者会习惯性将创新工作周期压缩得较短。分析其性格特点，主要是渴望尽早完成创新工作，对于成果的达成具有比较强的信心，也希望通过创新的成功获得企业和同事的肯定。

第二种是延后时间终点。该类型创新工作者会习惯性将创新工作周期预留得较为宽松。分析其性格特点，主要是考虑问题比较细致，工作作风较为严谨，对创新工作中可能遇到的困难有比较清醒的认识，希望为自己预留充分的时间，对一些创新点进行深入挖掘，以取得水平更高、创新性更好的成果。

需要强调的是，以上两种类型的划分没有褒贬之意，而是客观存在于每一位创新工作者的创新实践中。但是，如果创新工作者的个人主观意识占据主导地位，那么时间终点的确定就会失去理论支持，最终走向“好大喜功”“推诿求全”两个极端。这对创新过程的顺利推进是很不利的。

要避免陷入这两个极端，就必须抓住两个“牛鼻子”：

一是以科学为指导，以客观为标准。在敲定时间终点的过程中，坚持用数据说话、用数据计算、用数据衡量。要清醒地认识到，推算时间不是“拍脑门”决定的，假如时间终点偏差很大，最终可能会导致整个创新工作被迫中止。

二是不懂就问，汇总意见。对不熟悉的工种或领域所涉及的创新点，应当听取从事过相关工作的团队成员的意见，并且至少要听取 3 人以上的意见。这将大大提高时间终点的可信性，尤其是设置多个时间终点时，基本可以保证创新工作在合理的时间内完成。

2. 敲定子项时间轴

总时间轴的确立，有利于从总体上把握工作进度，便于上级管理部门对研发工作进行整体布局。但是，在一项完整的创新工作中，又包括了若干项创新点，每个创新点中又包括了无数子项。对于直接参与创新的团队成员而言，总时间轴只是一个宏观数据，明确具体工作的子项时间轴，才是与团队成员直接相关的时间管理工具。

子项时间轴就像“树枝”，依托于总时间轴这个“枝干”，将具体的创新工作、参与创新工作的团队成员一一连接，形成密不可分、相互关联的整体。子项时间轴的敲定主要包括子项内部和子项之间两个方面。

（1）子项内部时间轴的敲定。

将子项看作一个独立的小创新，每一个子项，同总时间轴一样，由时间起点和时间终点组成，子项内部时间轴时间起点和时间终点的敲定方法与总时间轴时间起点和时间终点的敲定方法相同。

子项内部时间轴敲定的重点是，如何制定子项的进度表，并将具体的工作和时间节点一一对应起来。

是否将子项内部时间轴划分越细致，进度安排就越合理？答案显然是否定的。子项内部时间轴划分得过于细致，看似更加便于创新的管理，有利于提高创新效率。但实际上，这不仅大大增加了创新方案的设计难度，还会破坏一些创新工作的连续性，使创新方案设计及后续相关工作看起来过于“碎片化”。

设置子项内部时间轴的方法——工艺包节点法。

工艺包节点法是以某个工艺系统（或设备组件）研发工作的完成作为时间节点，对子项中的具体创新工作进行划分。当工艺包选择合理时，一方面，可以便于对创新过程进行管理，另一方面，保证了创新工作的整体性，为具体工作的高效推进奠定基础。

例如，铂精炼绿色高效技术研发，是铂族金属精炼项目研发中的一个子项。根据工艺包节点法，将其划分为试剂选择、最优操作条件探查、三废处理、产品外观优化等 4 个工艺包，如图 2-16 所示，分别划定时间起点和终点，最终收获理想效果。

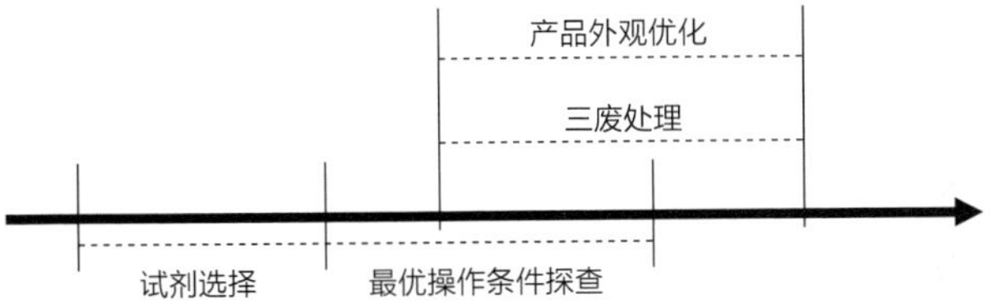

图 2-16　铂精炼绿色高效技术研发的子项时间轴

（2）子项之间时间轴的敲定。

在图 2-16 所示的实例中，子项时间轴并不是线性连续的，部分子项之间互有交叉、重合。为何会出现这种设置？

这要回到之前的比喻，创新方法和团队成员好比树叶，子项时间轴好比枝干。自然界中，树叶与树叶之间可能相互独立、也可能相互层叠；枝干与枝干之间可能互不干涉、也可能互有交叉。

子项之间也是如此，可以分为因果关系、半因果关系、同步关系等 3 种情况：

①因果关系。它是指两个子项之间，在研发过程中具有直接关系。如果一个子项无法完成，另一个子项的研究工作

便不能开展。图 2-16 中的试剂选择、最优操作条件探查就属于典型的因果关系。最优操作条件探查是基于试剂选择的研究成果而开展的，如果试剂选择无法完成，最优操作条件探查也就无从开展。因此，二者的时间线必然不能重合，只能相互衔接。

②半因果关系。它是指两个子项之间，相互关联影响，但又不是完全衔接。图 2-16 中的最优操作条件探查、三废处理就属于典型的半因果关系。以提高效率为主要目的的最优操作条件探查开始后，只需要进行若干组实验，其三废产生量、成分等数据便可获取，并且这些数据，并不会随着条件的优化而大幅波动。因此，三废处理可以在最优操作条件探查进行一段时间后，同步开展研究。

③同步关系。它是指两个子项之间，在技术路线上，没有直接的关联关系，相关工作可以同步开展。图 2-16 中的三废处理、产品外观优化就属于典型的同步关系。最优操作条件探查进行一段时间后，无论是三废相关数据，还是产品特征，基本可以稳定在一个数值区间内。对于这两个子项的研究，便可以同步开展，其时间轴也可以同步设置。

第三步：实验论证

实验不仅是各行各业创新工作者，最常采用、最为重视、最为依赖的研究手段，也是整个创新工作中的核心部分，其重要性主要表现在：

（1）实验是验证方案设计中预期假设能否成立的根本途径。通过理论分析、经验总结得出的预期假设，需要依靠开展大量实验，得出客观数据加以佐证。

（2）实验在创新工作中扮演“承上启下”的关键角色。如果说方案的制定，是将创新停留在脑海中，那么实验就是将创新落实到实践中。任何创新成果，想在工业化中成功得到应用，都必须以实验的测试、优化和探索作为基础。

（3）实验是推动理论发展的重要途径。在人类认识世界的漫长岁月中，是好奇心驱动下的实验，拉开了探索未知理论的序幕，是海洋一般的实验数据，为理论的成型提供了基础支撑。

对于一线职工的创新而言，实验更具有举足轻重的地位。与科研工作者身处的精密实验室不同，一线职工所面临的生产环境，复杂性高、学科交叉性强、工况参数波动程度大，如果脱离实验、仅仅依靠理论分析进行创新，无异于缘木求鱼，很多时候无法抵达成功的彼岸。

（一）实验论证的3大要素

实验论证过程中必须重视的3大要素为：参数—结果关联性、最优结果重现性、实践应用中的可操作性。

1. 参数—结果关联性

对于绝大多数创新工作中涉及的实验，其本质都是寻找各种条件、参数之间的因果关系。实验的最终目的是，找到并确认参数和结果之间的关联性。这种关系通常不是“一对一”这么简单，而是一个结果受到N个因素的同时影响。因此，必须通过实验研究，对各种参数的影响程度、有效区间，通过总结归纳参数的线性关系，得到最佳参数组，为后续工作的开展奠定基础。

（1）探明参数影响的强弱程度。

在方案中预想的假设或结果，通常有很多个参数对其产生影响。这里的“很多个”涉及范围十分广泛，少则三五个，多则几十、上百个。当情况较为复杂时，一一对其进行单因素实验研究，显然是不可行的。因此，需要根据生产经验和实际情况对其进行甄别和分类，找出重点实验对象，再有针对性地开展实验研究。

根据在实验探索中总结的经验，可以将各类影响因素分为以下 3 类，其具体分类如图 2-17 所示。

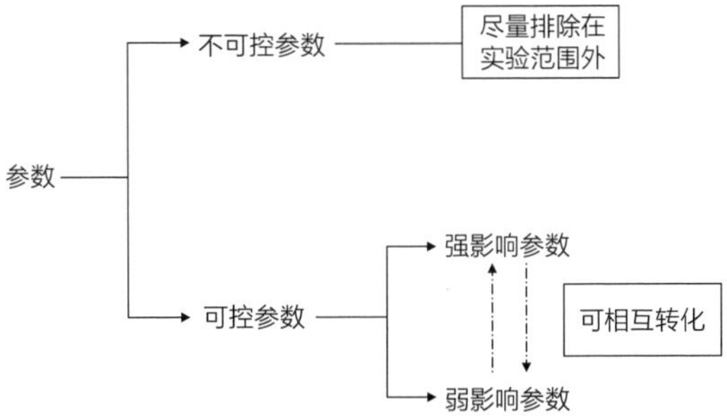

图 2-17　参数影响的强弱程度的分类

①不可控参数。对于此类参数，在实验前或实验开始一段时间后，应当首先进行分类，哪怕其对结果的影响十分显著，也要尽可能将其排除在实验研究范围之外。

什么是不可控参数？例如，在贵金属精炼工艺中，原料就属于不可控参数。贵金属之所以贵，一方面，是因为资源稀缺；另一方面，其上游原料大多成分差异大、复杂性高，造成提取、精炼十分困难。但砂铂矿、金砂矿等少数原料，其组成较为简单，处理难度明显小得多，经济效益也相应高得多。尽管如此，却不能将实验重心放到原料的筛选之中。

这是因为，随着工业化发展，资源储量越来越少，复杂原料的比重却越来越高，这是贵金属冶炼行业必然要面临的局面。哪怕原料成分对于效益、效率影响再大，都只能将其列入不可控参数。

若不慎将不可控参数纳入实验研究中来，会造成实验研究的“无用功”，不仅耗时、耗力，而且容易使实验工作者产生极强的挫败感。

②可控参数。可控参数分为强影响参数与弱影响参数。这两类都属于对预期结果有影响的参数。对于二者的甄别，一般的实验方法结合适量的理论分析，都可以轻而易举地实现。在初步分类后，需要一定程度忽略弱影响参数与结果的关联性，而着重对强影响参数进行大量实验研究，以期达到最佳效果。

需要重点说明的是，有相当一部分的影响参数，其强、弱并不是一成不变的。这部分参数的存在，为实验研究带来了极大的困扰。例如，在大部分采用盐酸作为反应物的工艺流程中，温度和盐酸浓度对反应速度的影响，是随着反应温度的上升而交替改变的。低温区时，盐酸浓度影响弱于温度，高温区时，盐酸浓度影响强于温度，称为强影响参数。

想要解决上述问题，就需要理解参数影响强、弱的相对性，并在此基础之上，探明参数影响的有效区间。

（2）探明参数影响的有效区间。

实验过程中，通常会发现这样一种现象：假设有 100 个参数，当对参数的取值范围设置十分广泛的时候，其中 99 个都属于强参数。数量过多的强参数，虽然有利于尽可能还原参数与结果的关联性关系，但是无法在生产实践中广泛应用。试想一下，有多少一线职工，能够在生产中，以高度集中的注意力，同时关注 99 个参数的变化？

实际上，大部分参数对结果的关联性影响强或者弱，都不是一成不变的，而是有一个潜在范围，该范围称为有效区间。在有效区间内，参数对结果的关联性影响强弱会表现得较为明显，超过该区间，参数对结果的关联性影响强弱则会朝着反方向变化。

探明参数影响的有效区间有利于抓住实验重点，集中精力对强影响参数进行实验攻关。此外，有效区间的存在能起到“滤镜”的作用，通过寻找有效区间的重叠范围，从而对该范围内影响相对较弱的参数，进行“忽略”处理，大大降低实验工作量。

图 2–18 是钯化合物溶解实验中各参数的有效区间示意图（具体数据略去）。该实验分析了盐酸浓度、温度、液固比、搅拌速度、化合物粒度等几个参数对溶解效率的影响，探明了各个参数变化时对应的有效区间。对有效区间重叠区域进行筛选（图 2–18 中阴影区域所示），在该区域内，搅拌速度、化合物粒度这 2 个参数的影响相对较弱，从而被排除。在后续实验中，主要针对其他 3 个参数与溶解效率的关联性进行实验研究，达到提升实验效率的目的。

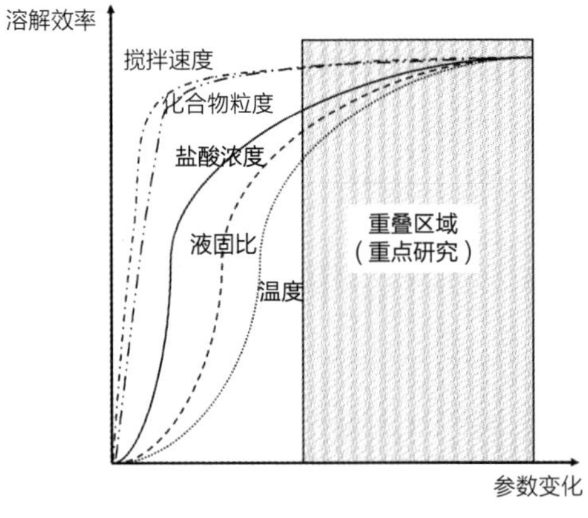

图 2–18　钯化合物溶解实验中各参数的有效区间示意图

（3）总结归纳最优参数组。

实验的最终目标是获得与预期假设相符、操作性强、具有应用价值的一组参数。当针对各个参数完成几十、上百项实验后（尤其是单因素实验），手中应该握有它们与期望结果之间的"一对一"关系。那么，如何将其整理为一组工艺包参数？

方法开始与上一部分中寻找有效区间的重叠范围类似，即将参数与结果的关联性做成曲线图，进而根据最佳效果划定范围。以钯化合物溶解实验为例。通过后续实验研究，得到溶解效率随盐酸浓度、温度、液固比等 3 个参数变化的线性关系，如图 2-19 所示（具体数据略去）。

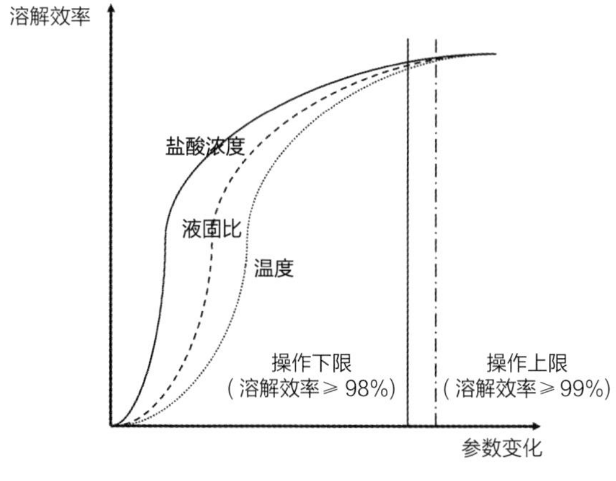

图 2-19　钯化合物溶解实验中最优参数组的确定

根据溶解效率达到 98% 以上的预期，将操作条件的下限设置在图中所示的实线处，当 3 个参数分别达到此处对应的数据时，溶解效率即可满足预期；将操作上限设置在图中所示的虚线处，当3个参数分别达到此处对应的数据时，溶解效率可达到99%以上，超过了预期。可见，最优参数组不仅其中包含多个参数，而且每个参数对应的并不是一个固定的数值，而是一个合理的区间。

2. 最优结果重现性

最优参数组的确定是创新研究中的一项重大实验成果，接下来要对实验结果进行检查，这种检查又称为“重现性研究”。

如图2-20所示，在实验研究中，实验结果可以分为理想结果和不理想结果。理想结果中，又具体分为随机性结果和客观性结果。这两种结果对应的操作参数、结果数据可能一致。但关键的区别是：在最优参数组的条件下重复进行实验，客观性结果会重复出现，其概率基本达到100%，而随机性结果，是以小概率的形式，莫名其妙地出现，又莫名其妙地消失。

如果将一套随机性结果草草结题，然后匆忙用于生产，未来可能造成的结果，无论对于创新工作者本人，还是对于创新成果应用单位，都将是毁灭性的。因此，重现性研究具

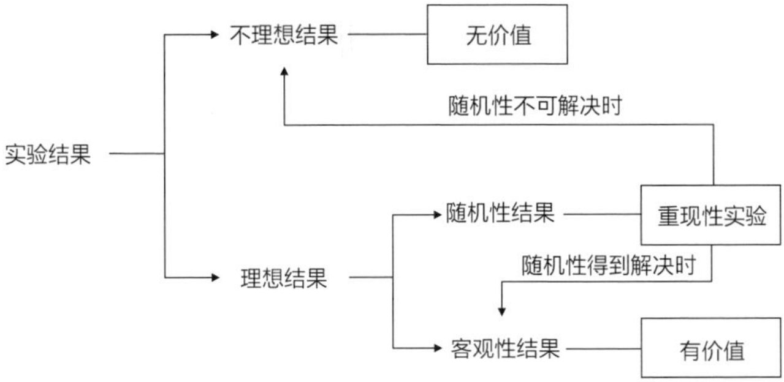

图 2-20　实验结果的分类与关系

有非常重要的意义，它是过滤随机性结果的筛子，也是推动创新工作者继续深入研究，将随机性结果转化为客观性结果的动力源泉。

出现随机性结果的主要原因一般是在所进行的实验中，仍有一个或几个强影响参数没有考虑，导致它们在实验过程中随机出现，从而对实验结果产生较大影响。因此，在重现性研究中，务必要把握以下几个重点：

（1）对排除掉的参数进行重新摸排时，尽量采用单因素实验。尽管单因素实验工作量巨大，但在现阶段，它仍是表征参数与结果关联关系最准确的实验方法。

（2）对于已知参数，优先采用最优参数组。这样做的目的是，一方面，使实验结果尽可能与预期吻合，避免已知参数未处于最优值而带来干扰；另一方面，相当于对最优参数组进行反复验证，提高其可靠性。

（3）回到方案本身，通过文献调研、交叉协作、经验交流等方式，发掘实验过程中可能遗漏掉的参数，并对其进行重点实验研究。

（4）必须通过中型、半工业化等级别的验证，才是完整的重现性实验。实验结果除受到未知因素的影响外，还与规模大小、操作精细程度密不可分，因此扩大型实验中的重现性，是具有相当说服力的。

总之，参与创新的团队成员都应该明确一个结论：成功的创新工作者，追求的永远是客观性结果，而非随机性结果。重现性实验也许枯燥、乏味，但它将带领创新工作者一步步接近预期、接近真理。

3. 实践应用中的可操作性

科研人员和一线职工完成的创新成果，具有很多的不同点。这些不同点很容易被察觉，例如，在实践应用中的可操作性。

实践应用中的可操作性是一个宏大的课题，可总结为“双核”公式。

实践应用中的可操作性的“双核”= 效益 + 效率

（1）效益。

企业发展的动力就是追求效益。这里效益的概念较为宏观，既包括经济效益（收率、成本、产率等），也包括社会效益（安全、环保、人力等）。一线职工从事的创新，必须要将效益纳入全盘考虑，运用到实验工作的每一步中，这样才能开展有价值的创新，获得有价值的结果。

以“总结归纳最优参数组”部分图 2–19 中虚线位置对应数值的确定为例，来解释“全盘考虑”的概念。

图 2–19 中，温度越高、酸度越大、液固比越高，对应的溶解效率越高，并且可以无限接近 100%。如果单一从实验结果考虑，应当将虚线进一步上移，以期获得更高的溶解效率。但从效益角度而言，这却是不可行的。主要有以下 3 点原因：

①成本因素。温度越高、工业蒸汽消耗量越大；酸度越高、试剂消耗量越大。通过简单地成本核算便可知道，在虚线之后继续大幅加大成本投入，溶解效率的提升空间已经十分有限，不符合经济效益最大化的要求。

②安全因素。在敞口容器中操作时，温度越高、反应越剧烈、发生物料喷溅的风险就越高，人员安全难以保障，不

符合安全效益最大化的要求。

③环保因素。液固比越大、废水产生量越大；酸度越高，废水酸性越强。这将导致后期环保成本大幅上升，不符合环保效益最大化的要求。

由上可见，收率等常见的经济指标，并不是唯一考虑的因素。要想让创新成果更具有应用价值，就应当提高站位，从企业、行业、国家发展的角度考虑问题、解决问题，研究出具备高应用价值的创新成果。

（2）效率。

作为一线职工，创新的目的是追求高效工作，即投入最小的劳动力，换取最大的回报。作为生产企业，创新的目的是追求高效运转，即用最短的流程、最少的设备，实现最大化的产能。

由此来看，双方对创新收益的期望，实质是统一的。因此，在实验结果的总结归纳中，作为创新主体的一线职工，除了追求实验效果的最优化，必须对成果应用后的效率进行重点考虑。

例如上文“强弱影响因素”内容中所描述的，从理论上讲，在实验室条件下，可以通过增强影响参数的数量，使实验结果无限趋近于完美。可在实践应用中就大不相同了。对于在一线操作的职工而言，要同时控制几十项操作参数，大大增加了劳动负荷，即使结果再完美，也注定难以维系；对于企业而言，过多的参数控制，必然会增加设备、人员的投入，甚至会使生产周期被迫延长，背离了开展创新、谋求高效的初衷，最终也难以落地。

（二）实验过程优化与调整

在创新方案的设计中，不仅提出了实验的方法论，还提出了实验预期达到的效果，又称为预期假设。这种假设是在文献调研和理论分析的基础上推测而来。虽然在一定程度上反映了实验过程中蕴含原理的客观性，但是因为创新过程中影响因素的差异性和部分参数的未知性，导致实际结果与预期假设之间，存在或大或小的差距。那么，实际结果与预期假设之间存在差距，是否意味着实验的失败？

答案显然是否定的。仅仅因为差距就全盘否定实验方案，有些过于草率。差距的存在，仅仅证明了在现有方案下，实验方法仍存在一定的不足，或者实验中有一些部分考虑欠妥。这就需要返回到实验方案的设计阶段，对其内容进行优化或调整。

1. 根据结果与预期的差异，优化方法

优化实验方法是方案修订中最常见的途径。在文献调研、理论分析真实可靠的前提下，大可不必完全推翻前期的研究成果，在原有方案的基础上进一步改进研究是最佳的选择。

优化实验方法尤其适用于处理出现随机性结果的情况。如果经过大量的重现性实验研究后，随机性结果仍然出现，说明在现有的实验过程中，必然有一部分关键内容被忽略了，例如参数、步骤、工况条件、设备元器件等。因此，为使实验结果尽可能接近预期假设，应在保持原有研究方法基本不变的基础上，对实验研究范围进行扩充。其重点包括：

（1）扩充内容应当具有理论或实践支持。从成本控制、团队成员自信心等角度考虑，越束手无策，越不应该盲目扩充实验内容。应当回到方案设计的研究思路中来，动员团队的力量，从文献、实践等入手，依靠理论分析和实践经验，重新寻找突破口。

（2）研究扩充的实验参数时，应尽可能采用单因素实验。（单因素实验的目的和优点已在上文中介绍。）

（3）翔实记录失败实验的研究过程及结论。这部分看似“无用功”的研究，不应该简单记录、草草收场，而应该像对

待成功的实验结果一样，形成完整、详细的实验记录或实验报告。这样做的原因为：一是为后续实验提供数据和经验参考；二是为交叉型实验方案提供设计思路；三是为潜在的瓶颈突破做好充分准备。

以锇、钌吸收的创新历程为例，对优化实验方法进行说明。

如图 2–21 所示，传统锇、钌吸收工艺采用单管、液下鼓泡式吸收蒸馏出的锇、钌蒸汽，吸收效率一直达不到预期效果。在初期实验中，首先对吸收级数对吸收效率的影响进行了研究，结果发现：当吸收级数超过 4 级后，锇、钌吸收效率随级数的增加变化已经十分缓慢，且仍无法达到预期效果。

因此，在保持锇、钌 4 级吸收不变的基础上，对实验研究内容进行扩充。在仔细分析了锇、钌吸收工序现场面积、蒸汽流量等参数的基础上，最终决定尝试增设新型吸收设备的方式，达到实验目的。

对此，采用单因素实验系统研究了文丘里气体分布器和填料塔等常见吸收设备在锇、钌吸收过程中的数据表现。充分分析优缺点后，结合生产线的实际工况条件，开展集成创新，创造性地将三种设备集成至一台装置中。

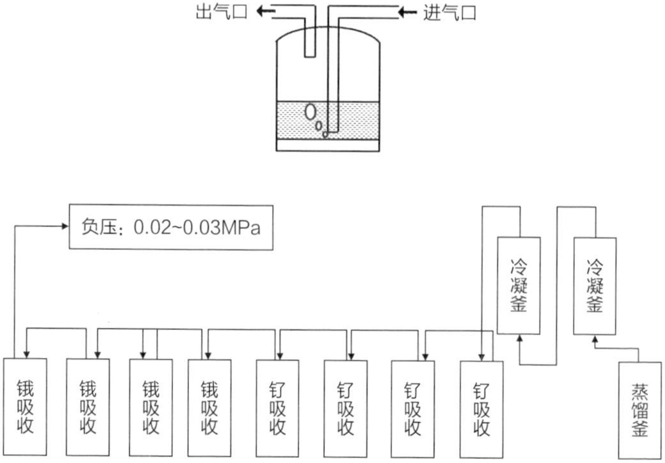

图 2-21　传统锇、钌吸收工艺示意图

图 2-22　锇、钌吸收冷凝装置图

实验结果表明，采用该装置，具有气液接触时间长、传质效率高、能耗低的优点。将其与4级吸收联合使用后，锇、钌蒸汽的吸收效率成功达到实验预期效果，一举攻克了锇、钌提取生产中的关键难题。

2. 根据不同方法所得结果，调整预期

实际创新过程中，时常会遇到这种情况：在既定的实验方案基础上，不断扩充实验内容，尝试各种方法，开展大量研究，所获得的实验结果仍然无法达到预期。此时，应当如何处理?

这种情况一旦出现，唯一的途径是，被迫调整实验方案中的预期结果，也就是“降低要求”。这将大大打击创新工作者的信心。因此，需要更加客观地看待这个问题。

（1）实验从一开始就不是必定成功的。要深切地体会创新就是在未知领域内开展尝试性的工作，失败的概率要远远大于成功。学会心平气和地接受失败，并且迅速投入新的创新工作中，本身就是一种成长。

（2）失败永远是相对的，或者说其本来就是一种有价值的结论。即使实验失败，也有它存在的价值和意义。至少证明了在当前条件和技术水平下，方法论和结果关联性之间的否定关系。

（3）“不符合预期”的实验结果，是否也能得到应用。这种情况大量出现在“从 0 到 1”的原始创新工作中。在生产中，是否能够降低要求，使与预期假设有些差距的实验结果得到应用，来填补一些空白、解决一些棘手的难题？如果可以，那不妨大胆修正预期假设，“牺牲”一些数据，让创新成果有机会在应用中不断完善。

第四步：现场推广

对于刚刚从事创新研究不久的新人，通过了艰苦卓绝的实验研究，经历了“实验验证—方案修订”的无数次循环后，获得了理想的创新成果，往往心中暗自欢喜，仿佛距离成果仅一步之遥。

但是，根据数据显示：综合考虑基础学科等因素，实验达成的成果能够成功应用于生产实践中的比例不足 5%。换句话说，实验的成功距离创新的成功，并不是一步之遥，而是很有可能只走了“一步”。要想使结果真正转变为成果，必须要经历一道至关重要的关卡——现场推广。

从一线职工创新的特点出发，现场推广的重要性主要表现在以下 4 个方面：

（1）由“实验验证—方案修订—现场推广—方案修订—实验再验证……”构成的大循环，才是创新的核心过程。成功的创新是在上述大循环中不断打磨，最终成型的。循环中的每一步都不可或缺，否则很有可能导致整个创新过程功败垂成。

（2）创新必须为生产服务。生产是赋予一线职工的职业属性，创新是一线职工从事诸多工作中的一种，创新所取得的成果，必须经得起生产实践的检验。

（3）创新的可靠性必须接受实践检验。实践是检验真理的唯一标准。对于一线职工的创新而言，成果是否能稳定、长期、可靠地运行，生产线是最真实、最有效的检验工具。

（4）创新的可行性必须接受实践检验。不论何种规模，几克、几公斤甚至几吨这种小规模的实验所表现出的可行性，一旦将其扩大为几万吨、几十万吨甚至更大的规模，其复杂程度是以几何倍数增加的。因此，在更为复杂的条件下，创新成果能否依然可行，必须通过现场推广得以验证。

在现场推广的过程中，可以通过以下公式来评价推广结果和实验结果之间的关系。

现场推广评价指标 = 技术 + 效益 + 上下游工序影响

（一）技术指标对比

1. 核心指标对比

大部分创新在初始阶段，其主要目的是解决关键的一个或者几个难题。无论是在方案设计，还是在实验研究中，着重考察的都是这些难题所对应的某项关键技术指标，这些关键技术指标又称为核心指标。核心指标在现场推广中的表现，不仅直接反映出是否达到了开展创新的初衷，也能够为决策者解答新技术“好还是不好”的疑问。

现场推广过程中，对比核心指标有以下 3 点需要重点注意。

（1）充分考虑工况条件的波动下，核心指标的变化情况。部分创新工作者在进行现场推广时，为了使核心指标的表现尽可能优秀，会将工况条件筛选得极为苛刻，甚至专门挑选理想条件开展推广研究。例如，检验某项原料处理技术时，专门挑选成分稳定的原料进行推广实验。

毫无疑问，这种做法是错误的。现场推广的意义，一方面，考察规模放大的条件下核心指标的表现；另一方面，考察工况条件正常波动下，新技术的操作弹性和适应性。为了达到这两个目的，在现场推广时，要充分尊重生产实际情况，100% 还原生产原貌，便于考察新技术的适应性，从而获得核心指标最真实、最客观的表现。

（2）合理设置异常或极端情况，考察核心指标的变化情况。与实验室环境不同，生产实践中，工艺系统的运行虽然整体保持基本稳定，但其中又充满不确定性。这种不确定性，一方面，表现在各项参数、条件在适当的范围内波动；另一方面，它们又偶尔会突破合理范围，为具体的操作带来困难。

因此，若要创新技术成功地在生产中得到应用，就必须考虑不合理情况的存在，通过扩大技术的操作弹性区间，来提高创新技术对特殊情况的适应性。在现场推广时，需要将创新成果中，核心指标对突发变化的适应性进行实地测验，探索出操作弹性的上、下极限区间。

需要注意的是，突发变化的发生充满偶然性，一味等待突发变化发生，既耗时又耗力。因此，在现场推广时，需要借助团队成员的经验，对常见的突发变化进行总结，在保障安全的前提下，人为地进行设置或模拟突发事件，从而提高工作效率。

（3）重视“现场推广—方案修正—实验研究—现场再推广……”循环的必要性。在现场推广时，会遇到核心指标的表现与实验研究有一定差距的情况。这时，不少创新工作者急于求成，直接在生产线上更改参数，开展探索性研究。

姑且不讨论这种做法成功与否，它带来的损失和风险是巨大的。探索性研究必然会触及创新工作者所不了解的领域，在以规模化为特点的生产线中，直接对未知内容进行探索，不仅失败成本高，增加了不必要的研发成本，而且会埋下安全隐患，威胁到参与者的人身和财产安全。

所以，假如确实要对参数进行调整，应当回到创新的大循环中来。首先冷静、认真地考虑调整方案的可行性，其次通过小型实验进行验证，确保无误后，最后投入现场推广中。这也许会延长创新周期，但经济性、安全性会得到保障。

例如，新型耐热态王水反应釜的研发，有效地应用了核心指标的对比方法。王水是强腐蚀性液体，大部分材料都难以长期耐受其氧化。针对王水的特性，设计了如图 2-23 所示的钛制新型耐热态王水反应釜，并投入现场推广中，重点对耐腐蚀性这项关键指标进行考察。

图 2-23 钛制新型耐热态王水反应釜剖面图

推广过程中，为进一步考察反应釜在热态王水环境中的耐腐蚀性表现。首先根据以往生产数据，确定了温度、王水浓度等 2 个参数的最高、最低区间，着重对这两个参数处于极限条件时反应釜的耐腐蚀性进行考察。根据小型实验结果，分别将现场生产的温度上限提高 20℃，王水浓度上限提高 30%，初步得到耐腐蚀性这项关键指标与温度、王水浓度等 2 个参数之间的变化关系。

在现场推广时，发现有一批次的反应釜，在正常操作的条件下，内壁也发生了轻微腐蚀。对此，为了确保安全，没有在推广中直接调整条件进行新的测试，而是重新修订创新方案，增加计算机模拟内容，重新研究了可能导致腐蚀的原因。如图 2–24 所示，经过计算机模拟最终发现，底部温度出现过热区，是出现腐蚀的“罪魁祸首”。

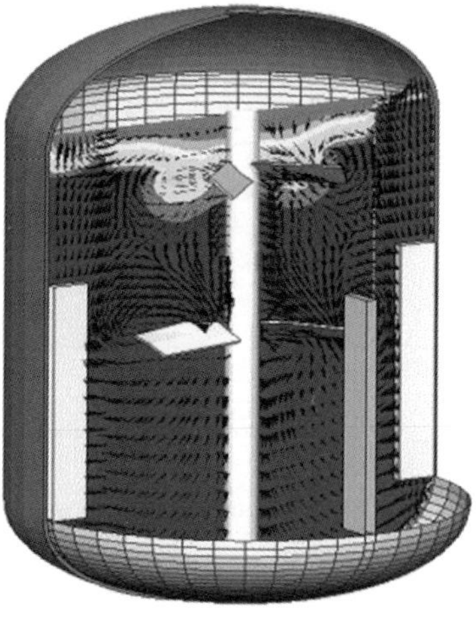

图 2–24　钛制新型耐热态王水反应釜计算机模拟图

如图 2–25 所示，重新设计方案，通过调整冷却结构、变更进出料等方式，对原有设备进行改进后，重新投入现场生产，取得了理想的推广效果。

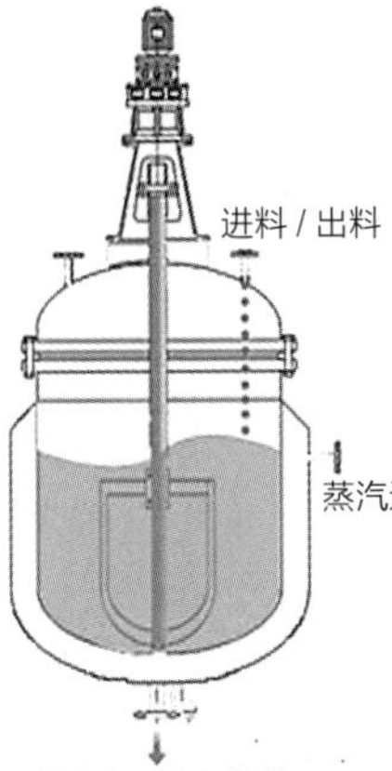

图 2-25　钛制新型耐热态王水反应釜改进图

2. 指标全面对比

核心指标的对比，可以迅速、直观地评价创新成果是否解决了关键问题，但仅仅如此还是不够的。作为最终决定能否将创新成果真正投入生产的决策者而言，还需要进一步了解成果在现场推广中的整体表现。

因此，在现场推广中，不仅要详细记录核心指标的表现情况，还需要整体思考、把握全局，对涉及生产的各项指标进行全面对比。一般要对以下 3 个方面进行全面对比。

（1）生产周期与产能的综合对比。

生产周期缩短、产能提升，是最理想的情况。但在实际创新中，这种理想情况并不占据多数，最常遇到的是“遗憾与惊喜共存”的结果。例如，生产周期虽然缩短，但产能缩小，或者产能虽然扩大，但生产周期延长等。

对于上述不完美的情况，很难直接对创新成果的优劣进行评价。因此，进行全面分析对比，是十分有必要的。例如，从时间、设备的效率来看，生产周期的缩短可提高生产效率，尤其对间歇生产而言，可以达到增加生产批次、提高生产速度的目的。但是，如果产能同步缩小，那么生产周期缩短所带来的高效，必然有所“折扣”。这种“折扣”到底达到什么程度，就是需要全面对比的对象。

以下通过一个案例说明怎样对比才算是“全面”。

某间歇生产流程，在创新前每年可生产批次、每批次可生产产品为 100 批次，30 吨 / 批次。创新后，生产周期缩短，每年可生产批次增加到 150 批次，但新技术的单次产能缩小为 20 吨 / 批次。

通过计算不难得出，创新前后的总产能未发生改变，均为批次量 × 单次产能量 =3000 吨。但是，本次创新是失败的，与原有技术水平相比，属于技术水平的“倒退”。

生产总量不变的情况下，创新最多属于“原地踏步”，技术水平为何被评价为“倒退”？虽然两种技术获得总产能一模一样，但是相比原有技术，新技术中缩短了生产周期，增加了设备使用次数，这将导致设备损耗、维护成本等较原有工艺有所增加，因此，整体来看，创新所获效益和原工艺相比偏低。

（2）中间产品或原料的对比。

在系统性创新中，中间产品或原料的存在，将对工艺整体经济性产生较大影响。因此，需要对其成分、产量进行考察，获取一手准确数据。

以“钯还原工艺研究”为例进行说明。如图 2-26 所示，传统工艺中，采用试剂 A 还原钯化合物制取海绵钯。该创新

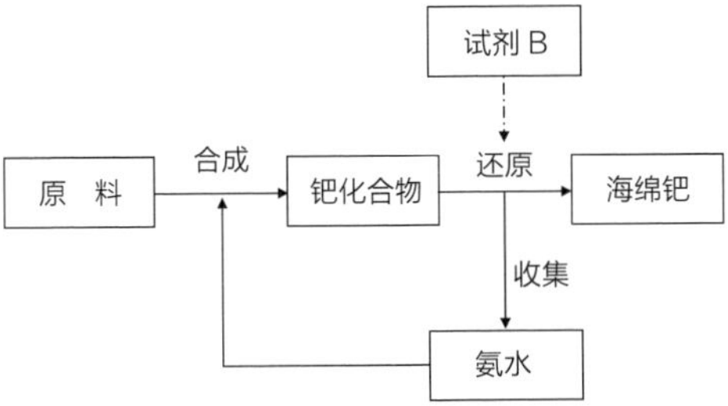

图 2-26　钯还原工艺研究示意图

的总体思路是，寻求一种化学药品替代试剂A，从而达到更经济、还原效率更高的创新目的。经过大量尝试，最终确定了采用试剂B作为新型还原剂。

推广过程中，发现相比试剂A，试剂B不仅达到的还原率更高，并且其反应产物经过收集、处理后，能够形成高浓度的氨水，可以作为前端合成钯化合物的重要试剂，从而达到循环利用的效果。这将大幅降低氨水消耗量，使生产过程获得更大的经济收益。

（3）重现性。

与实验验证中的重现性实验相同，现场推广中的重现性也是必须考虑的一个重要环节。

（二）效益对比

效益是推动企业开展创新的原动力，也是评价创新成果价值高低的核心指标。经济效益显著、社会效益突出的创新成果，往往更能够获得企业和决策者的重视，从而为成果的投产提供充分条件。因此，在现场推广中，对经济效益、社会效益进行细致、客观的核算尤为重要。

1. 经济效益

经济效益的高低，是创新工作者和决策者最关注的效果之一，它是体现创新成果价值的“晴雨表”。以下从两个方面对经济效益进行了分类。

（1）从算法方面，经济效益分为绝对经济效益和相对经济效益。

①绝对经济效益。它指的是创新成果推广后，在一定生产规模、生产周期的条件下，实际产生的经济效益。计算绝对经济效益时，重点要把握其独立性的特点，即不需要与其他技术、工艺或者成果进行对比。

绝对经济效益的主要用途为：能够直观地评价创新成果为应用企业带来的收益，以及在其生产全流程中的重要性和贡献度。例如，某创新成果每年产生的绝对经济效益为 1 亿元，而应用企业年生产总值为 1.5 亿元，该创新成果的重要程度对企业发展的贡献度不言自明。

②相对经济效益。它指的是创新成果推广后，与其他技术相比，增加或减少的经济效益。计算相对经济效益时，应当重点突出其“对比性”的特点，不仅要与原有技术相比，还应该进一步与所在行业的其他同类或不同类的技术进行全面对比，来综合评价成果的经济指标。

相对经济效益的主要用途为：它是评价成果先进性、经济性的重要指标，能够直观地测算创新成果为企业带来的新增收入，从而测算创新成果应用、量产后，可能达到的投资回收期等关键数据。因此，相对经济效益受到各行业创新工作者和决策者的广泛重视。

（2）从组成方面，经济效益分为成本和收入。

成本和收入是企业比较重视的两个方面。二者的相对高低，决定了企业未来的发展和能够取得的成就，也必然决定了创新成果的水平、价值和应用程度。

对于成本和收入的核算，财务部门有着统一的标准和计算方法。作为创新工作者，应着重关注成本和收入核算应该考虑的内容，为从事具体核算工作的财务人员提供全面的资料和数据支持。

①成本。

一是创新成果的运转成本。主要指创新成果在一线应用后，维持其日常运行所需要的成本。该部分涉及面广、包含元素多，因此需要仔细摸排，避免产生遗漏。例如，原料成本、材料成本、水电气成本、设备维修成本、人力成本、环保成本等。

二是创新成果新增的成本。主要指创新成果应用时，依据设计要求需要改变原有工艺、增加生产资料时，而新增或追加的成本。例如，新增厂房、占地和设备成本，新增材料和能源成本，以及新增中间产品的处理成本等。

三是创新成果降低的成本。主要指创新成果应用后，因其技术的高效性，使得生产周期缩短、工艺流程简化等因素，而降低的成本。例如，材料节约、劳动力减员、能耗降低等。受到实际生产情况的影响，该部分的成本核算难度较大，需要充分结合企业运营和生产运转实际进行考虑。

以下为核算成本的创新实例。

在钯化合物一步转化技术的研发与推广工作（如图 2–27、图 2–28 所示）的原有工艺中，进行钯化合物的转化时，最少需要 5 台 1000L 搪瓷釜同时运转，才能够达到产量要求。新型一步转化技术不仅将盐酸等材料消耗降低 90%、劳动力减员 50%，并且将设备需求量由原来的 5 台缩减至 1 台，生产效率和经济指标得到显著提高。

该技术的成本核算方案为：

成本降低 = 材料节约 + 减员劳动力的工资 +4 台设备价值

该成本核算方案虽然全面概括了创新成果所具有的优势，但是成本的核算不应停留在纸面，而应该与生产运转的实际情况相结合。实质上，该成本核算方案中减员劳动力的工资、4台设备的价值，不应计入成本降低中来。这主要基于以下考虑：

图 2-27　钯化合物一步转化技术推广生产

图 2-28　钯化合物一步转化技术投产现场

一是劳动减员方面。新技术推广后，生产效率得到显著提升。根据上级生产主管部门要求，在实际生产中，进一步增大了上游原料的处理量。减员的劳动力，并没有调离该生产岗位，而是投入产能扩大的生产中，因此，这部分不能算入成本缩减中。

二是设备需求方面。新技术应用后，解放出的 4 台 1000L 反应容器，在产能扩大后，继续投入 1 台用于扩能后的生产。因此，在实际生产中，缩减的设备需求量应由 4 台修正为 3 台。

②收入。

在钯化合物一步转化技术推广的成本核算案例中，劳动力减员、设备需求量降低，都没有全部核算为成本。但新技术在这两个方面带来的收益，又是显而易见的。那这部分收益应当如何计算？

如果说成本决定了创新成果经济效益的下限，那么一项成果可以产生经济效益的上限，大概率由其带来的收入决定。

为什么说收入可以决定上限？其根本原因是：只要生产效率可以提升，那么成本可以共享、收入可以翻倍。例如，对于间隙性的生产，如果将单日生产能力提升 1 倍，此时产能相应也提高 1 倍，而劳动力成本、设备投入可以实现几乎不变（或稍有增大）。

因此，在这部分数据的核算中，尤其需要将收入与其他经济指标区分清楚，才能准确分析创新成果的经济性。常见的收入分为以下两类。

一是产能的扩大。产能是决定企业能否成为业内领军者的重要指标。产能贡献比越高，企业在业内的领军地位越强。因此，创新成果对于产能的贡献，通常是企业决策者予以考虑的指标之一。

创新带来的产能提升，主要是工艺流程简化、生产周期缩短、劳动力减员、设备占用或需求量降低等原因，在不对原有工艺系统进行大规模改造或扩建的基础上，新增的产品量。创新成果的技术水平越高，产能的增加速度越远高于成本增加速度，从而决定了创新过程经济收益可以达到的高度。

例如，在铂精炼新技术研发中，就很好地体现了产能提升的概念。传统工艺中，因为反应条件十分苛刻，铂化合物的溶解被迫在 5 L 烧杯中进行。如图 2–29 所示，即使十分熟练的一线职工，最多也只能同时操作 25 个烧杯，这大大限制了铂产品的产能。

对此，在充分分析传统工艺瓶颈的基础上，创造性地提出采用新型还原剂溶解铂化合物，通过变更反应试剂，来获取更为宽松的反应条件，从而使该生产过程得以在 500 L 反应

图 2-29　传统工艺中铂化合物溶解生产现场

釜中完成。如图 2-30 所示，该技术应用后，通过利用现有闲置设备，在不新增厂房、不新增设备、不另建生产线的条件下，将现有产能大幅提高 300% 以上。

图 2-30　扩能后的铂化合物溶解生产

二是产率的提升。这部分内容常见于以“产品”作为产出终端的各类生产中。产率提升所带来的收入是指，在各项成本维持基本不变的前提下，投入相同原料时，获得产品数量增加而产生的收入。

高效率是当下各个企业不断追求的硬指标，相对于以绝对数作为特点的产能而言，以相对值作为核算的产率，能够真实反映生产效率的高低。因此，产率的提升是评价创新成果先进性和经济性最为常用的标准之一。其计算方法较为统一，在此不再赘述。

2. 社会效益

对于不少创新工作者来说，经济效益的核算过程，因为有财务人员的大力协助，难度并不大。但是，当评价社会效益时，因为不明白其中的具体内容，往往不知从何处下手。

本节将从社会效益的意义和社会效益的内容两个方面，进行系统总结。

（1）社会效益的意义。

经济效益和社会效益的关系用一句话可以概括为：经济效益看短期、看局部；社会效益看长期、看全局。换句话说，社会效益反映的，不仅是创新成果对于企业运营的影响，更反映了创新成果对企业成长、行业进步、国家发展的影响。相对经济效益而言，社会效益应当从高处着手、从远处着眼，来表述创新成果对当下和未来产生的影响。

（2）社会效益的内容。

①创新填补了哪些空白领域。无论何种创新，都应当达到由 0 到 1 的结果。但是，创新难度有难易之分，创新成果水平也有高低之分，填补的空白领域，也必然有所不同。在评价创新成果对空白领域的填补作用时，要把握以下重点：

一是坚定成果的创新性。本质上，创新是一个从无到有的过程。但成果的创新性是一个相对概念。例如，蒸馏技术已经诞生了几百年，本身不具备任何创新性，但是可以将其应用在不同的生产环境、行业领域之中，从而使这项传统技术重新焕发活力，具备创新的价值。

因此，在评价创新成果时，要充分认识、利用创新的相对性，用缜密的方案设计、充分的实验研究和可靠的现场推广，使成果对空白领域的填补程度，经得住考验、经得起推敲。

二是客观表述创新的影响边界。既然创新是相对的，那么其产生影响、填补领域的边界，就尤为重要。清晰、明确地划定该边界，是评价成果影响力、明确填补空白程度的关键。在划定边界的过程中，切不可妄自菲薄，也不能盲目夸大。

例如，借鉴同行业其他企业的技术经验，将其应用于自身工作的生产线中，这也属于创新，只不过影响范围较小，相当于填补了企业这一层面的技术空白；将食品行业中的防腐剂，用于贵金属的精炼过程中，达到了理想的创新效果。这类创新实现了不同行业之间技术的跨越和交叉，相当于填补了贵金属冶炼行业中食品级试剂的高效利用这一空白。

准确地找到边界、客观地分析成就，就能对创新成果到底填补了哪种空白，找到合理的答案。

②创新推动了哪些发展。创新是推动发展的原动力，这是创新最突出的社会效益，也是应当着重思考的内容。如图 2-31 所示，一般情况下，可以从以下几个方面，考虑创新对发展的推动作用。

一是涉及领域。社会效益中，推动发展绝不是一句空话，而应该细化到具体的内容中。社会效益常见的涉及领域包括安全、环保、资源量、人力资源、技术水平、创新性等，需要根据自身涉及的行业，进行逐一分析。

一项创新成果，很难在所有的领域都起到推动作用。在评价时，要避免“贪多求大”的心理，不要过分夸大创新成果的“发动机”作用。

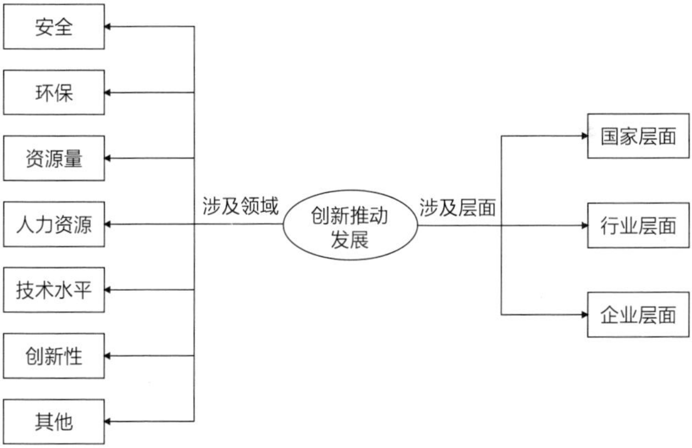

图 2-31　创新推动发展的内容

二是涉及层面。创新推动发展的涉及层次，直观地反映了创新成果的水平高低和价值大小。对成果进行分析时，应当严格遵循以下几个层次：

企业层面。这是大部分一线职工创新成果所能达到的水平。通过成果的研发和应用，提高生产效率，提升生产经营的经济性，从而推动企业发展，提高企业在行业中的竞争力。

行业层面。这是创新成果水平提升的重要台阶。创新成果的技术和应用水平较高时，能够得到同行业其他企业的认可、借鉴，在行业内形成一定的领先性和代表性，对全行业的发展起到推动作用。

国家层面。这基本代表了创新成果影响力的最高水平。企业、行业是国家的细胞。当创新成果能够解决企业、行业的关键难题，而这些难题，又是困扰国家战略领域发展的重要瓶颈时，成果的价值就自然上升到了国家层面。

（三）上下游工序影响对比

前两节内容中，主要是将创新成果的推广效果，从整条生产线中单独拿出来进行评价。这显然是不够完善的。如果要进行全面评价，就必须在进行创新成果推广后对上下游工序的影响，进行综合对比。

此类对比本身不是一项复杂的工作，只需要抓住以下两个重点：

1. 是否会改变上下游工序的工艺

创新成果的应用，往往会对产品、工艺条件、作业时间等多个参数产生影响。在进行创新成果推广时，要严格考察该影响对上下游工序的干扰。当干扰较大时，可能会被迫对上下游工艺进行修正和变更。这种被迫修正和变更，是否证明创新成果具有不足？答案是否定的。正如爱迪生发明了灯泡，才推动了交流电的应用和诞生一样。有时候，各个创新往往是连续的、互相推进的。当上下游工序的工艺发生改变时，需要对这种改变的先进性进行研究和评价。如果它确实能够使生产水平进一步提升一个层次，那不妨将其作为新的创新灵感，大胆开展新的研究。

2. 是否会对上下游工序产生不利影响

生产组织形式可能有间歇、连续之分，但是工艺系统永远是一个整体。针对某一工序或一段工艺研发的创新成果，很有可能会对整套工艺系统产生影响。这就是所谓的“牵一发动全身”。

如果创新成果介入工艺流程后，对上下游工序产生不利影响，应当如何处理？

不要全盘否定创新成果，而是要在整套工艺流程中，权衡利弊影响。如果利大于弊，并且弊端在可以接受的范围内，不妨大胆应用成果；即使弊大于利，也不应对现有成果予以否定，而是从被影响的上下游工序着手，重新开始新的探索，从而逐步接近创新成果。

以萃取分离铂钯工艺研究为例说明。

传统工艺分离铂钯一直采用化学沉淀法，该方法的优点是整套工艺均采用水溶液均相反应，缺点是铂钯分离率不高，很难突破 97%。

对此，通过实验研究，设计出萃取铂钯分离的新工艺，在生产中得到推广和应用，将铂钯分离效率提升至 99.5% 以上，如图 2–32、图 2–33 所示。但生产实践表明，相比原有工艺水溶液均相反应的特点，采用有机溶剂进行萃取后，容易存在两相少量夹带的问题，这将为铂精炼的生产带来喷溅等风险。

图 2–32　萃取分离铂钯工艺实验研究

对此，并没有否定萃取法技术路线，而是针对两相少量

图 2-33　萃取分离铂钯工艺现场推广

夹带的新问题，开展新的研究。通过分析有机相和水相的比重，结合间歇生产的实际情况，研发出新型油水分离器，如图 2-34 所示，通过压力平衡，实现上层有机相的下端采出，一举解决了这个难题。在确保原有创新成果成功应用的同时，

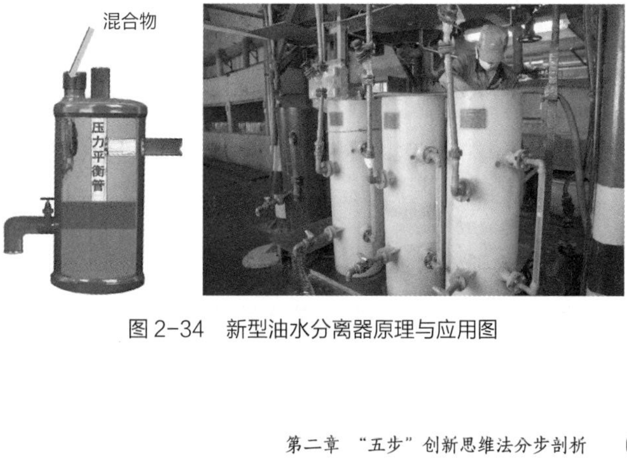

图 2-34　新型油水分离器原理与应用图

及时抓住创新灵感，实现了铂钯分离工序内的整体创新。

第五步：归纳总结

创新成果的成功应用，是创新最大的收获。创新成果不是在生产线上隆隆运转的齿轮，也不是生产报表中漂亮的数据。创新成果可总结为如下公式：

创新成果 = 实验结论 + 应用结果 + 知识产权 + 体会总结

其中，实验结论和应用结果体现的是创新的过程，知识产权和体会总结则需要在创新完成后，加以总结、归纳，逐步成形，进而与前两者结合，形成一套完成的创新成果体系。

（一）知识产权的归纳

创新成果是创新团队全体成员智慧和劳动的结晶，也是企业发展过程中形成的重要资产。无论是创新工作者还是企业，除了对创新成果的应用感到欣喜，还对成果本身具有矛盾、复杂的感情：既想创新成果保持唯一性、排他性，不会轻易被他人剽窃、应用；又想创新成果具有公开性、共享性，可以为遇到类似问题的同行提供一些参考和思路。

因此，要想协调好这种矛盾关系，一方面，使创新成果得到保护；另一方面，使创新成果具有一定的推广价值，就需要借助知识产权的力量。

知识产权是指，使成果形成特定的体系，在法律保护的范围内进行公开，达到既有保护又有共享的目的。知识产权的种类多种多样，以下对两种最常见的形式——专利和论文进行介绍。

1. 专利

专利是最有效的成果保护方法。创新成果一旦发表，其对内容的保护具有强有力的法律效力。构建专利族群，可以发挥出对创新成果保护的最大效力。

如图 2-35 所示，专利族群类似工艺包的概念，它是对整套创新成果进行拆分，对拆分后的各个创新点、整套创新成果分别申请专利，从而形成一套细致的、全面的技术保护

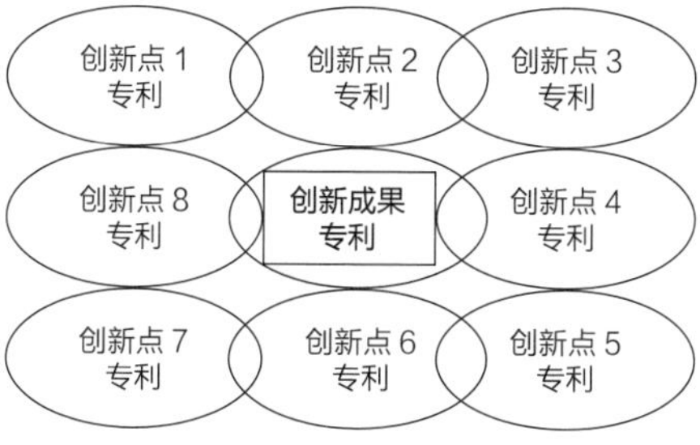

图 2-35　专利族群示意图

体系。

专利族群既对创新成果进行了整体性、专项性的保护，又对关键创新点进行了保护，防止其被相同及相近行业的从业者非法变相应用。

构建专利族群时，应当把握以下几个重点：

（1）创新点的拆分要得当，以满足专利保护的最低创新要求标准为宜。不少创新工作者在拆分创新点时，为保证技术内容能够被尽可能地保护，将成果尽可能地拆分。过度拆分创新点，将导致其创新性大打折扣（创新水平较高的原始创新除外），很可能无法达到构成专利保护所要求的创新程度，从而导致专利申请失败。

因此，在拆分创新点时，即要拆解细致，又不可过度拆解，务必要考虑到是否满足创新性要求的最低标准。

如图 2–36 所示，假设对自动铅笔申报专利，如果按照零部件，完全拆解成为凸轮、笔尾（凹槽）、弹簧、滑槽、笔头等，它们在工业生产和日常生活中无处不在，无法形成创新点。但如果加以整合，将弹簧、滑槽、笔尾（凹槽）整合为“一种铅笔芯的连续推进系统”；将凸轮、笔尾（凹槽）、笔头整合为“一种活动铅芯的固定系统”，这就与普通铅笔、普通零件有着完全不同的作用，其创新性自然就展现出来了。

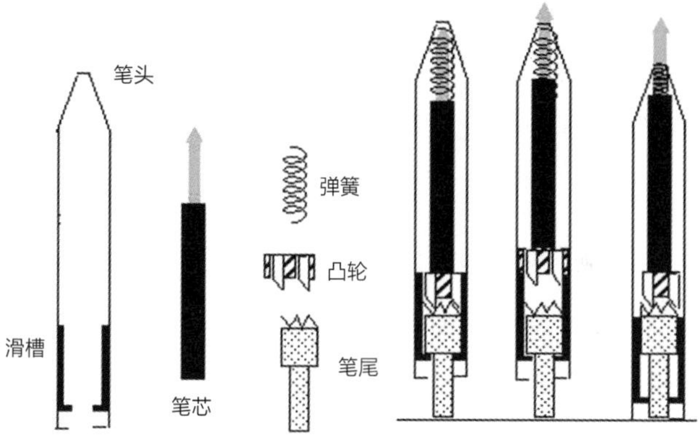

图 2-36　自动铅笔结构示意图

（2）拆分创新点的设计范围要适当扩充。这样做的目的，一方面，尽可能避免相似行业者对技术本身进行盗用或剽窃；另一方面，避免个别从业者以创新成果中原创内容为蓝本，将其稍作修改，在相似领域中进行二次申报。总之，无论以上哪种情况发生，都将导致创新成果的保护性得到损害。

以自动铅笔举例。对弹簧、滑槽、笔尾整合为一个创新点进行申报时，为了扩大该创新点的保护范围，可将其改写为“一种内置式笔芯的连续推进系统”，这样，保护的范围就进一步扩大至铅笔、中性笔、油笔等各类具有相似原理的文具之中。

构建铑铱精炼技术专利族群也是比较典型的案例（具体工艺与试剂略去）。如图 2-37 所示。在研发的工艺流程中，如果将其完全拆解，并不具备创新性。试剂 A 至试剂 C 并非危险化学品，在普通的化工商店中可以轻易购买到；方法 1 至方法 3 在贵金属精炼中属于较为常见的操作工艺。但是，该项目的创新性在于，在原有方法的基础上，采用了新型试剂，进一步匹配了完全不同的操作条件，将二者整合来看，每一步都具有创新性。

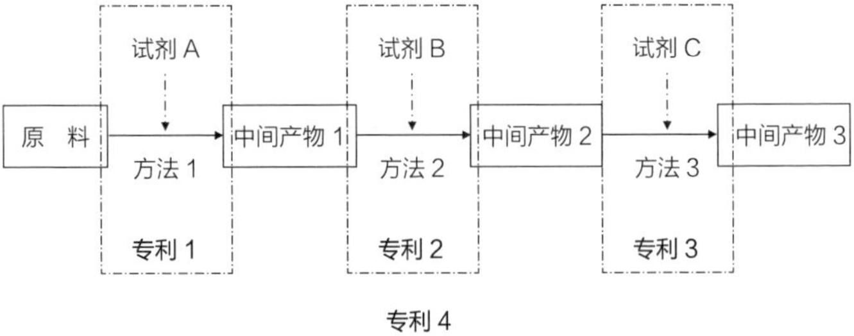

图 2-37　铑铱精炼技术专利族群图

因此，将其分为“一大三小”共 4 项专利进行申报，且将保护范围扩大至铂钯等其他贵金属的精炼中，起到了很好的保护效果。

2. 论文

除了专利，论文也是常见的一种知识产权形式。不过，论文对知识产权的保护力较弱，其主要价值在于对一些技术原理、方法和结果予以公开，帮助从事相关研究的同行参考、借鉴，使行业领域内的从业者们在创新时，能够提高效率、少走弯路。

关于论文的撰写、发表，受到创新内容质量、行业差别等多方面影响。本书只强调专利与论文发表的先后顺序：先申请专利、获得保护，后撰写论文、投稿发表。

专利的审查、公示，严格要求各种文献资料从未对所申报的技术做过报道。因此，如果先发表论文，再撰写专利，就相当于将创新点涉及的内容首先进行了公开。当专利进入审查阶段，可以轻而易举搜索到创新点涉及的相关文献报道，即使论文作者与专利发明人完全相同，也将视为专利并非原创，导致申报失败。

（二）创新体会的总结

创新是一项极其富有智慧的工程，它要求所有创新者群策群力，不断提出新思路、新想法。创新也是一项需要经验指导的工作，它要求创新者运用既有的经验、阅历，合理分配时间、安排团队分工，将开展实验设计、进行现场推广、申报知识产权等各个步骤串联在一起，将不同领域、不同工种、不同特点的成员紧密地团结在一起。

因此，每一项创新之后，都应当采用团队整体总结、小组组内总结等多种形式（如图 2-38、图 2-39 所示），对整个创新过程中的点点滴滴进行总结，经验、教训都应当翔实地记录在创新报告中，为下一次创新、下一批创新成员，提供宝贵的借鉴资料。

图 2-38　团队整体总结

图 2-39　小组组内总结

一份内容翔实的创新体会，应当包含下面几个内容：

1. 成员分工优缺点的总结

团队是开展创新的主力军，关于分工结果的总结，有利于在下一次创新中，实现更加科学、高效的分工、协作，从而大幅提高工作效率。

2. 时间分配合理与否的总结

时间是串联成员、工作的主线，其具体分配又极其依赖经验。每一次经验的积累，都有利于准确地设置创新时间轴。

3. 失败实验的总结

过去的失败，可以帮助团队成员少走弯路，拉近创新成果与成功之间的距离。

4. 新发现的现象、特点和数据的总结

创新过程中，有很多新发现的闪光点，但由于各种各样的原因，可能并没有将研究深入进行下去。做好详细的记录和总结，它可能是下一次创新的起点。

第三章

创新的『P—D—C—A』分段传承

创新不是一个人的事，也不是一群人的事，而是一代人、几代人坚持不懈共同完成的事。

人才，是创新的“心脏”。高效率、人性化的人才培养机制，是保障人才成长、进步的“大动脉”。“P-D-C-A”四个阶段创新人才培养方法在实践中被广泛应用，并取得了显著成果。

一、“P-D-C-A”各阶段剖析

1. P 阶段：以班组为单位制订职工培养计划

班组是企业的基本单元，是企业发展壮大的细胞。P 阶段强调以班组为单位，制订人才培养计划，按岗位进行划分，并明确每个实习阶段职工需达到的技能水平。同时让新职工根据对岗位的了解，针对短期、中期和长期制订个人的学习计划和职业发展规划，并且制定对策，明确培养方法，确定时间节点，责任到个人。

2. D 阶段：按照规划对职工开展培养

D 阶段开始按照规划对职工开展培养，由导师进行现场指导，如图 3-1、图 3-2 所示，从生产工艺流程、操作技术参数、工艺管道走向、设备操作及维护等方面展开系统化培训。对过程进行跟踪，确保工作能够按计划进度实施。由班组配置专业理论学习资料。每周开展新职工理论素质培养，提高新职工对岗位理论知识的掌握能力。同时班组依托劳模创新工作室、创新小组等平台，通过自主采购、捐赠等形式，收集专业书籍、资料，鼓励新职工在闲暇时间自主借阅学习。

图 3-1　导师现场指导

图 3-2　大型设备模型的讲解

3. C 阶段：进行培养检查

本阶段实行评分制，其中职工根据自己所学撰写的实习报告占 20 分，现场实际验收（如图 3-3 所示）占 20 分，导师和同事的评价占 40 分，理论测试占 20 分。

图 3-3　现场实际验收

实习报告的撰写，一方面，可以检验职工的业务水平提升情况；另一方面，有利于提高文字组织能力，为知识产权、实验报告、实验方案等资料的撰写，奠定必要的基础。

现场实际验收，是直接考量职工操作水平、评价业务能力的重要抓手。

导师和同事的评价，有利于培养职工的团队意识，塑造团队品格，为今后提高团队凝聚力、开展团队攻坚打下坚实基础。

理论测试，有利于激励职工开展基础理论学习，从而弥补一线职工理论素养弱的缺点，为创新工作的开展输送理论人才。

4. A 阶段：巩固成果、完善问题、多岗位循环培养

该阶段的目的是，通过巩固新职工培养已取得的效果，固化培养方式，制定巩固措施，并分析存在的问题。同时，对培养计划和职工个人规划进一步完善，优化下一步的培养方案。根据新职工阶段性学习效果，对部分导师进行岗位的轮换，实现职工多方面综合发展，并自主结合不同师傅的优缺点进行归纳总结。

二、应用案例

自成立“潘从明创新工作室”以来，以“P-D-C-A”培养法为模板，将导师与青年岗位人员按照专业领域进行划分，定向培养、专项传技，打造集技术性、操作性、创新性为一体的贵金属人才队伍。

图 3-4 “潘从明创新工作室”年轻骨干

在 P 阶段，向主管部门申请，将新职工统一安排到生产一线进行为期一年的综合实习。为确保他们能够尽快熟悉、了解生产过程，启发他们思考、发现生产中的问题，结合每一位新职工的专业背景，制订专项实习计划，加强他们在专业相关岗位的实习。例如，具有机械、电气等专业背景的新职工，会在维修岗位进行重点实习；具有冶金、化工、材料等专业背景的新职工，会在铂精炼、钯精炼等岗位进行重点实习。

在D阶段，为了确保培养计划能够保质保量地落在实处，让新职工能够实实在在地学到技术和知识，为每一位新职工指派一位经验丰富的老职工，作为他们的“师傅”。进入实习岗位前，师傅从安全、技术、操作、技术难点、现有困难等多个方面，全面为新职工做讲解，面对面讲问题、手把手教操作，做他们实习的“第一责任人”。同时，在授业过程中，既要“倾囊相授”，也要“有所保留”，学会启发他们自己发现问题、提出问题甚至解决问题，要容许他们“天马行空”的想法，对于暂时难以实行的，要指出缺点所在，对于有借鉴意义和价值的，要给予肯定，必要时做好记录，作为开展日后岗位创新的灵感来源。

在C阶段，新职工每完成一个岗位的实习，都需要进行阶段性总结。除了实际操作，实习报告也尤为重要。为了使新职工能够避开惯性思维、彻底打开视野，对实习报告的具体内容不做任何限制、不提具体要求，鼓励大家围绕自己对于现有工艺的理解和实习实操的切实感受，大胆进行撰写。事实证明，这种“开放性命题”的实习报告，极大地拓宽了新职工的思路，培养了他们善于观察、善于思考的良好习惯，便于他们充分发挥自己的专业特长。从实习报告中，也涌现出一批以“计算机模拟”“参数拟合公式”等为代表、具有高度创新性的新点子、新灵感。

A 阶段是培养“一专多能”型创新人才的关键。帮助新职工熟悉整套生产工艺，不仅要掌握本专业相关岗位的运行原理，而且要掌握跨专业岗位的相关知识。为此，一方面，整理了一批珍贵的一手技术资料，使他们能够快速上手跨专业的新知识、新技能；另一方面，将班组长工作方法和人才培养相结合，采用班组谈话、现场指导等方式，鼓励新职工面对跨专业的问题时，直面困难、潜心研究、大胆提问，帮助他们建立攻坚克难的决心和信心。团队创新实践表明，A 阶段培养的“一专多能”型创新人才，大大缩短了创新工作的周期，拓展了创新灵感的来源，极大地提高了团队成员之间的协作性，为今后开展重大攻关奠定了坚实的基础。

目前，“P-D-C-A”培养法在人才培养方面取得了显著效果，该方法每年培养“一专”型和“一专多能、综合全面”

型人才技师15人以上、高级水平38人以上，中级水平54人以上。近年来，“潘从明创新工作室”先后培养出省级技术能手、技术标兵3名，企业技术能手2名，为企业的发展储备了大量人才。

后　记

时光荏苒、岁月如梭。蓦然回首之间，创新时的点点滴滴、攻关中的汗水欣喜如白驹过隙，仿佛就在昨天。能够让我深深铭记的，并不是丰硕的创新成果，也不是累累的荣誉表彰，而是遇到困难时的彷徨、解决问题时的快乐、灵感迸发时的激动和团队成员们的支持。

一路走来，我思索良久。如果说创新还有什么技巧、还有哪些捷径、还有何种方法，我认为千言万语都集中到以下几点。

一、爱岗敬业，热爱创新

在工作中无时无刻不碰到难题、遇到难关，要把工作做得更好，就要破解难题、突破瓶颈、寻求创新。但要真的在岗位上发现问题，解决问题，需要对岗位十足的热爱以及倾情的投入。

生产线至今仍是我的岗位

我走到今天多半凭借的是对岗位的热爱，对自己工作的热情，以及对问题的思考探索，如果没有爱岗敬业作为支撑，这一切都是苍白的。作为新时代的产业工人，站在企业搭建的建功立业的大舞台上，心中蕴藏着巨大的能量，要始终保持进取意识、机遇意识、责任意识，要志存高远、心无旁骛、脚踏实地，热爱你所做的事要胜过做这些事给你带来的回报。始终把个人梦与民族梦、国家梦结合起来，以忠诚企业、多作贡献作为回报。将个人利益与单位利益置于一处，以“等不起”的压力感、“慢不得”的紧迫感、“坐不住”的危机感，坚守岗位，争做知识性、创新性的人才。

二、勤奋好学，勇于创新

我的工作过程中，每提纯一克贵金属，要经过20多道工序，控制200多个指标，直至剩余万分之一的杂质，稍有偏颇就会前功尽弃。只有扎根一线、立足岗位，把自己的业务“吃透”，才会有创新，有了创新的灵感，一定要大胆去做、大胆去尝试，才能够走出创新路。

从文献资料中汲取营养是我的习惯

大道至简、天道酬勤，想要在自己的领域站稳脚跟，必定要靠自己加倍的努力以及持之以恒的毅力。唯有凭借长年在一线积累的工作经验和严谨细致的工作态度，才使我们精准地控制每一个参数、顺利地攻克每一个难题、成功地完成每一道流程，最终揭开问题答案的神秘面纱。脚踏实地地做好本职工作，以强烈的责任感和使命感完成每一项任务，人人都可以出彩。

岗位可以变，创新不能停。未来充满机遇，同样面临挑战，只有在工作中努力学习、奋发向上、不断积累，敢于直面困难、勇于接受挑战，才会抓住刹那迸发的灵感，转换成实实在在的创新成果。在工作中立足岗位、恪尽职守、勤学苦练，才能成就不一样的人生。创新就在岗位，千里之行，始于足下。创新不问出身，人人皆可成功。

三、持之以恒，追求创新

2016 年，我首次申报国家科技进步奖，不过后来却失败了。但我的创新路并没有因此而停滞。各级领导、同事们不遗余力、坚定不移的支持，让我重拾信心、从头再来，守正出新，跨界融合，坚持在一线创新，继续沉淀，最终成为西北五省第一个获得国家科技进步奖的产业工人。创新是没有捷径的，我们只有坚定认识，心无旁骛，信心决心并举，并且数十年如一日的坚持，才能汇聚出创新成果。

国家科技进步奖是对我最宝贵的回报

我时常在想，假如没有党和政府这么好的政策，没有领导同事的鞭策，没有自己的努力和坚持，我不过是一名平庸的冶炼工人，在岗位上平平无奇，更别谈科技发明了。未来我一定还会在前进中学习、在困难中坚持、在失败中爬起。扎根一线，勤学多思，以正视“最坏处”、解决“最难处”、争取“最好处”的态度，把创新推向新境界，让梦想抵达新高度。劳动创造幸福，知识改变人生，责任成就事业，创新铸就辉煌。

四、培养人才，发展创新

发展是第一要务，人才是第一资源，创新是第一动力。

生产技术如果不走创新的道路，新旧动能就不能顺利转换，我国是不可能真正强大起来的。强起来靠创新，创新靠人才。我们需要建设强大的创新团队来发展创新，这就需要培养人才。

我一直在思考提升自己团队的素质。因此我也组织班组成员为自己制订培养计划，特别是新职工，更是从一开始就培养他们的创新意识，构建创新团队，发挥每个人的长处、闪光点，让人人参与创新。这也是我肩上最重的担子，甘为人梯、言传身教，帮他们走上创新的道路，教他们攻克创新的难题，使他们成为国家的栋梁，登上比我更高、更远的巅峰。

帮助更多人才的成长是我的责任

图书在版编目（CIP）数据

“五步”创新思维法 / 潘从明著. —北京：中国工人出版社，2021.12
（新时代工匠创新法丛书）
ISBN 978-7-5008-7776-9

Ⅰ. ①五… Ⅱ. ①潘… Ⅲ. ①创造性思维－思维方法 Ⅳ. ①B804.4

中国版本图书馆CIP数据核字（2021）第243767号

“五步”创新思维法

出 版 人　王娇萍
责任编辑　时秀晶　习艳群
责任印制　栾征宇
出版发行　中国工人出版社
地　　址　北京市东城区鼓楼外大街45号　邮编：100120
网　　址　http://www.wp-china.com
电　　话　（010）62005043（总编室）
　　　　　（010）62005039（印制管理中心）
　　　　　（010）82027810（职工教育分社）
发行热线　（010）82029051　62383056
经　　销　各地书店
印　　刷　北京美图印务有限公司
开　　本　787毫米×1092毫米　1/32
印　　张　4
字　　数　64千字
版　　次　2022年2月第1版　2023年4月第2次印刷
定　　价　35.00元

更多图书推荐

—大国工匠工作法丛书—

《高凤林工作法》 定价：42.00 元	《唐守忠工作法》 定价：36.00 元
《郭晋龙工作法》 定价：32.00 元	《罗昭强工作法》 定价：49.00 元
《王进工作法》 定价：45.00 元	《陶萍工作法》 定价：32.00 元
《巨晓林工作法》 定价：32.00 元	《竺士杰工作法》 定价：36.00 元
《杨海波工作法》 定价：42.00 元	《胡洪炜工作法》 定价：39.00 元